农村气象科普活动策划与实践

主 编 康雯瑛 刘 波

气象出版社
China Meteorological Press

内 容 简 介

本书从科普的概念和农村气象科普的现状出发，详细叙述了农村气象科普的策划、组织与实施等多个方面的内容，并结合具体案例，对农村气象科普方案进行分析，最后提出农村气象科普工作的发展建议。本书理论与实践相结合，通过理论知识，读者可拓宽知识面、增强认识、提高理论水平；通过实践指导，读者可掌握农村气象科普活动策划和实施的全流程要素，具有较高的实用价值。

图书在版编目（CIP）数据

农村气象科普活动策划与实践／康雯瑛，刘波主编 . --北京：气象出版社，2020.10
ISBN 978-7-5029-7280-6

Ⅰ.①农… Ⅱ.①康… ②刘… Ⅲ.①农业气象-科学普及-工作-概况-中国 Ⅳ.①P16

中国版本图书馆 CIP 数据核字（2020）第 176467 号

Nongcun Qixiang Kepu Huodong Cehua yu Shijian
农村气象科普活动策划与实践

出版发行：气象出版社

地　　址：北京市海淀区中关村南大街 46 号　　**邮政编码：**100081
电　　话：010-68407112（总编室）　　010-68408042（发行部）
网　　址：http：//www.qxcbs.com　　**E-mail：**qxcbs@cma.gov.cn
责任编辑：宿晓凤　邵 华　　　　　　　**终　审：**吴晓鹏
责任校对：张硕杰　　　　　　　　　　　**责任技编：**赵相宁
封面设计：刀　刀
印　　刷：中国电影出版社印刷厂
开　　本：710 mm×1000 mm　1/16　　**印　张：**11.5
字　　数：180 千字
版　　次：2020 年 10 月第 1 版　　　　　**印　次：**2020 年 10 月第 1 次印刷
定　　价：68.00 元

序

习近平总书记指出，科技创新、科学普及是实现创新发展的两翼，要把科学普及放在与科技创新同等重要的位置。气象事业是科技型、基础性社会公益事业，气象工作与经济社会发展息息相关，气象信息与人们日常生产生活密切相连。普及气象科学知识是提高全民科学素质的重要内容。

党的十九大提出实施乡村振兴战略。进入新时代，农村气象科普承载历史使命，深度融入和服务"三农"发展，对于助力乡村振兴意义重大。农业与气象密切相关，开展农村气象科普工作，有利于推动农村干部群众掌握科学方法、弘扬科学精神，有利于引导农民合理利用气象科学知识趋利避害，实现农民增收、农业发展和农村繁荣。

新时代，只有将农村气象科普融入到国家发展和乡村振兴的大背景中，赋予其全新的理念，确定新的目标，才能凸显农村气象科普工作的意义和价值。新时代农村气象科普，应以习近平新时代中国特色社会主义思想为指导，充分发挥农村气象科普的先导性、基础性、前瞻性作用，促进农村干部和群众提高科学文化素质、提高防灾减灾救灾和应对气候变化的意识和能力，助力乡村振兴。

　　全球科普事业经历了科学普及、公众理解科学、科学传播三个阶段。伴随经济发展和科技日新月异，科普文化内涵、工作理念、工作方法、表现手段都发生了质的飞跃。为适应新时代发展要求，我们要对传统农村气象科学传播方式进行改进，对未来农村气象科普发展应勇于畅想、勇于创新、勇于实践。面对未来农村气象科普工作的新机遇和新挑战，气象科普工作者应肩负起重要职责，不忘初心、牢记使命，只争朝夕、不负韶华，推动新时代农村气象科普工作高质量发展。

　　本书的出版旨在凝练经验、续写未来，为广大气象科普工作者策划开展农村气象科普活动提供参考。

康雯瑛

2020 年 9 月

前　言

　　党中央、国务院高度重视农村科普工作，并将其列为我国科普工作的重要内容之一。党的十九大明确提出实施乡村振兴战略，并庄严写入党章，这对于促进农村经济社会发展具有重要的现实意义和深远的历史意义，对于农村气象科普如何更好地融入和服务乡村振兴战略也提出了更高的要求。我们将以习近平新时代中国特色社会主义思想为指导，深入贯彻落实习近平总书记关于科普工作的重要论述精神，深化落实《中华人民共和国科学技术普及法》和《全民科学素质行动计划纲要（2006—2010—2020年）》精神，全面推进将气象科普融入乡村振兴战略，气象科普工作者要进一步强化对农村气象科普规律和需求的探索与研究，以更好地发挥气象科普工作在气象为农服务过程中的先导性、基础性、前瞻性作用。要健全基层气象科普组织机构与人才队伍，加强基层气象科普基础设施建设，推进基层气象科普业务化和管理工作的实时化、信息化、平台化，推进农村气象科普活动品牌化，创新农村气象科普作品和表现形式，利用新媒体、新技术传播气象科普知识、气象科技发展动态、气象防灾减灾避险与自救知识，扩大在农村科普的覆盖面和影响力，助推乡村全面振兴。

　　本书共分为五章，全面介绍了我国农村科普、农村气象科普的发展历程，科普与农村科普活动的概念，农村气象科普活动的策划与实施方式，以及近十年农村气象科普品牌活动——"气象科技下乡"的策划、示范案例、现场实施，提出对农村气象科普工作的展望。此外，本书将浙江省德清县在推动为农气象服务过程中发挥的示范作用，以及河南省南阳市方城县赵河镇、河南省鹤壁市在示范辐射效应下所取得的成效作为附录，以供读者参考。

通过阅读此书，读者可以了解农村科普、农村气象科普发展的历程、新时代农村气象科普工作发展的现状，掌握学习一些开展农村气象科普工作的对策与举措，学习如何运用科普基础理论知识、专业基础知识、创意思维、实践经验来精心策划科普活动方案。本书在理论上对农村气象科普活动的方案、实施策划过程有深度理解和思考，力求为有志农村气象科普的单位或个人参与科普活动、普及气象知识、推动气象科技成果转化应用、传播气象科学思想、弘扬气象科学精神，以及打造"气象科技下乡"科普品牌活动提供参考，以更好地发挥示范辐射效应。本书还意在帮助读者了解一些农村气象科普融媒体传播方式、方法，全方位地了解统筹安排大型科普活动的全流程要素，为在今后农村气象科普工作中撰写策划方案、组织与实施活动提供有价值的参考。

在此衷心感谢 2009—2019 年期间协助举办"气象科技下乡"农村科普活动的贵州、陕西、河南、吉林、湖北、山东、四川、云南、山西、黑龙江、内蒙古 11 个省（自治区）给予的大力支持和帮助；衷心感谢浙江省德清县气象局、河南省鹤壁市气象局和南阳市气象局在推动气象为农服务示范过程中给予的支持和帮助；衷心感谢为本书的编撰和编辑出版贡献力量的所有专家和同仁。

刘波

2020 年 9 月

目　录

序

前言

第一章　我国农村科普和农村气象科普发展概述 ……………… 1

　第一节　农村科普发展背景 ……………………………… 2

　第二节　农村科普发展历程 ……………………………… 6

　第三节　农村气象科普概述 ……………………………… 12

　第四节　农村气象科普发展历程与现状 ………………… 27

第二章　农村气象科普活动的策划 ……………………………… 37

　第一节　农村气象科普活动策划概述 …………………… 38

　第二节　农村气象科普活动策划流程 …………………… 62

　第三节　农村气象科普活动策划创意 …………………… 72

　第四节　农村气象科普活动策划实践案例 ……………… 82

第三章　农村气象科普活动的实施 ……………………………… 87

　第一节　农村气象科普活动实施方案撰写基本原则 …… 88

　第二节　农村气象科普活动实施方案的制定 …………… 90

　第三节　农村气象科普活动实施前的筹备工作 ………… 100

第四节　农村气象科普活动的现场组织与总结工作 ·············· 108

第四章　农村气象科普品牌活动——气象科技下乡活动 ·········· 111
　第一节　气象科技下乡活动概述 ······················ 112
　第二节　近十年"气象科技下乡"农村科普实践活动案例 ······· 120

第五章　农村气象科普工作的对策与展望 ···················· 141

参考文献 ······································· 147

附录　农村气象科普示范与辐射效应 ···················· 149
　案例一：德清示范经验 ····························· 151
　案例二：河南省鹤壁市体现辐射效应 ··················· 161
　案例三：河南省南阳市体现辐射效应 ··················· 167

第一章

我国农村科普和农村气象科普发展概述

第一节　农村科普发展背景

一、科普及其特点

我们了解农村科普工作，首先从科普的概念开始。

《中华人民共和国科学技术普及法》（以下简称《科普法》）指出，为了实施科教兴国战略和可持续发展战略，加强科学技术普及工作，提高公民的科学文化素质，推动经济发展和社会进步，根据宪法和有关法律，制定《科普法》。本法适用于国家和社会普及科学技术知识、倡导科学方法、传播科学思想、弘扬科学精神的活动。开展科学技术普及（以下简称"科普"），应当采取公众易于理解、接受、参与的方式。

科普是人类科学实践内容的一部分，旨在提高公众的科学文化素质。科普是属于国家、社会或集体共同的公益事业，是社会主义物质文明和精神文明建设的重要内容。发展科普事业是国家的长期任务。

科普具有以下特点：科普没有时间的局限性，随时可对最新科学技术动态进行传播；科普形式多样、途径灵活、因需传播、因材施教，有利于人的个性和特长发展；科普内容具有广泛性，包括科学研究的方方面面，广泛覆盖广大受众爱好，有利于科学的传播与发展。

二、农村科普的内涵

农村科学技术普及（以下简称"农村科普"）是科普工作的重要内容之一。

农村科普古已有之，新中国成立后，在党的坚强领导和高度关注下，农村科普事业欣欣向荣蓬勃发展。《中共中央关于进一步加强农业和农村工作的决定》提出要实施科教兴农战略；《中华人民共和国农业法》将科教兴农战略入法；《中共中央 国务院关于加强科学技术普及工作的若干意见》将农民列为三大重点科普对象之一，要求继续面向亿万农民，特别是贫困地区、少数民族地区的农民，传播和普及先进适用技术，因地制宜、扎实有效地开展农村科普工作，并特别强调要从科学知识、科学方法和科学思想的教育普及三个方面推进科普工作；作为我国第一部关于科普的法律，《科普法》规定，国家加强农村的科普工作。农村基层组织应当根据当地经济与社会发展的需要，围绕科学生产、文明生活，发挥乡镇科普组织、农村学校的作用，开展科普工作，各类农村经济组织、农业技术推广机构和农村专业技术协会，应当结合推广先进适用技术向农民普及科学技术知识；《全民科学素质行动计划纲要（2006—2010—2020 年）》将实施农民科学素质行动作为"十一五"期间实施的四大行动之一。

由此可见，农村科普是以提高农民科学素质、服务农村经济、推动农业发展为目的，围绕科学生产、文明生活而开展的普及农业科学技术知识、推广农业先进适用技术，以及倡导科学方法、传播科学思想、弘扬科学精神的活动。

三、新时代农村科普的重要意义和目标

我国是农业大国，重农固本是安民之基、治国之要，农业、农村、农民"三农"问题始终是全党工作的重中之重。党的十九大报告将乡村振兴战略列为党和国家未来发展的七大战略之一，是新时代"三农"工作的总抓手，对于建设社会主义现代化强国，实现中华民族伟大复兴中国梦具有十分重大的现实意义和深远的历史意义。新时代农村科普是在实施乡村振兴战略背景下开展的一项重要工作，对于提高农民科学素质，助力推动解决"三农"问题，助力产业兴旺、生态宜居、乡风文明、治理有效、生活富裕具有重要意义。

一是贯彻落实习近平新时代中国特色社会主义思想的重要举措。时代是思想之母，实践是理论之源。习近平新时代中国特色社会主义思想，是对马克思列宁主义、毛泽东思想、邓小平理论、"三个代表"重要思想、科学发展观的继承和发展，是马克思主义中国化最新成果，是党和人民实践经验和集体智慧的结晶，是中国特色社会主义理论体系的重要组成部分，是全党全国人民为实现中华民族伟大复兴而奋斗的行动指南，必须长期坚持并不断发展。农村科普必须以习近平新时代中国特色社会主义思想为指导，并将其列为重要宣传内容之一。

二是提高农民科学素质的必要途径。没有农民科学素质的提高，国民科学素质就无法实现质的突破。农村科普与农村教育是推动提高农民科学素质的两大抓手，要通过大力普及绿色发展、防灾减灾、安全健康等科学知识，以及加强现代农业适用技术的教育培训等，消除"木桶效应"，推动城乡、区域协调发展。

三是有利于助推农村产业兴旺。产业兴旺是乡村振兴的重点和物质基础。农村科普有利于现代农业适用技术的推广和普及、有利于推动创新驱动发展战略在农村的实施、有利于传播大数据

智能化理念推动智慧农业发展，有利于推动农业供给侧结构性改革、农业生产方式转变，实现农业产业高质量发展。

四是有利于助推生态宜居。生态宜居是乡村振兴的关键，乡村振兴，就是要改变农村以前的依靠过度消耗农业资源的发展方式。相较于城市而言，生态资源是农村的一大优势，农村科普就是要坚持节约优先、保护优先、自然恢复为主的方针，大力传播绿水青山就是金山银山的理念，助力挖掘和保护农村优势生态资源，助力实现百姓富、生态美的统一。

五是有利于助推乡风文明。乡风文明是乡村振兴的保障，乡村振兴既要塑形，也要铸魂。开展农村科普，要强化挖掘乡村历史文化资源、弘扬优秀传统文化，让老百姓望得见山、看得见水、记得住乡愁，让农民对乡土文化有认同感，形成文化自觉、树立文化自信。

六是有利于助推治理有效。治理有效是乡村振兴的基础，有效治理有助于推动产业发展、保护生态环境、塑造文明乡风、改善农民生活。农村科普要注重强化法制宣传、强化道德教化，助力推动农民增强法律意识，营造良好的治理环境。

七是有利于助推生活富裕。生活富裕是乡村振兴的根本，拓宽农民增收渠道，提高农村民生保障水平，是实施乡村振兴战略的重要发力点。农村科普就是要通过普及科学知识和推广现代农业适用技术，推动农民将其转化为现实生产力；农村科普的一项重要内容就是要向农民解读国家大政方针政策，特别是涉及"三农"的政策，引导农民用好用活政策，达到粮食产量和农民收入"双丰收"的目的。

综上，新时代农村科普的目标就是要贯彻落实习近平新时代中国特色社会主义思想，增强农村干部群众科学素质，推动农村干部群众掌握科学方法、弘扬科学精神，实现农民增收、农业发展和农村繁荣。

第二节　农村科普发展历程

一、新中国成立前的农村科普（1949 年以前）

在漫漫五千年的历史长河中，中国自然科学和技术成果丰硕、应用广泛。中国古代天文学、数学、医药学、农学四大学科，陶瓷、丝织、建筑三大技术，造纸、印刷术、火药、指南针四大发明影响世界、意义深远。这些科学和技术经验通过言传身教、相关著作的传播，应用于人们的生产生活，造福百姓，算是早期的科普工作，但更多地属于科普范畴中的技术推广。

中国是一个有着几千年历史的农业大国，农业人口基数庞大。随着近几十年来城镇化进程的加速和农村人口的转移，2019年末全国大陆总人口（包括 31 个省、自治区、直辖市和中国人民解放军现役军人，不包括香港、澳门特别行政区和台湾省以及海外华侨人数）140005 万人，其中农村常住人口 55162 万人，占总人口比重为 39.40％。面向农村的科普仍是我国科普工作的重中之重，关系到农民科学素质的提高、乡村振兴和农业高质量发展。

中国古代就确立了以农为本的思想，历朝历代都采取积极的措施促进农业生产发展。但错过两次工业革命，小农经济受到西方工业文明的冲击，中国传统农业逐渐式微。特别是鸦片战争为中国有识之士揭开了遮眼面纱，他们逐渐认识到要振兴中国农业，就必须兴办农学，推广农业技术。在 19 世纪 80 年代后期，洋务派代表之一张之洞就有了开展农学的思想，并于 1896 年在南京创办江南储才学堂，分立交涉、农政、工艺、商务四大纲。中国民主革命伟大先行者孙中山也提出了兴办农学的思想，"今欲振兴农务，亦不过广我故规，参行新法而已"，在 1894 年《上李鸿章书》中他就主张要推广传统农业中有价值的内容，并学习和采用先进农业科学技术。比其他有兴农学之志者更进一步的是，他在 1895 年 10 月 6 日发表的《创立农学会征求同志书》中指出，农学会的任务有"搜罗各国农桑之书，译成汉文，俾开风气之先""著成专书，以教农民，照法耕种"，并提出要通过翻译和出版农村科普读物等方式开展农村科普工作，提升农民科学文化素质。

1919 年"五四"新文化运动时期，因"赛先生"引入中国，从而掀起了一波传播、普及科学的浪潮。1931 年，陶行知倡导"科学下嫁运动"，通过创办科学教育学校、编写出版科普图书等方式，将科学以工农和儿童容易接受的方式进行普及，这是中国科普史上的一次生动实践。

抗日战争时期，延安开展的自然科学大众化运动是中国科普史上一次影响深远的大众教育运动。此次运动明确了普及科学的方针、目的、内容和意义，普及的对象包含干部、部队战士、陕甘宁边区广大农民群众，为后来开展面向大众的科普工作积累了经验。

二、新中国成立初期的农村科普（1949—1978 年）

新中国成立初期，农村科普工作根据时代特点可划分为两个阶段。

（一）1949—1958 年的农村科普

1949 年 10 月 1 日，中华人民共和国成立，中国的科学事业和科普事业进入一个崭新的发展阶段。

具有临时宪法作用的《中国人民政治协商会议共同纲领》列出科普条款，要求"努力发展自然科学，以服务于工业农业和国防的建设。奖励科学的发现和发明，普及科学知识"。中央人民政府文化部设立科学普及局，统筹全国科普工作，这充分体现了新中国对于科学普及工作的高度重视。

随着"中华全国自然科学专门联合会"和"中华全国科普技术普及协会"这两个群众性团体组织的成立,面向大众的科普工作起步发展。这一时期科普工作的主要目的是破除迷信、服务农业生产、面向劳动者推广科学生产技术,并在暴雨灾害、洪灾等自然灾害发生时普及一些科学防灾的知识。

(二) 1958—1978 年的农村科普

1958 年 9 月,中华全国自然科学专门联合会和中华全国科普技术普及协会联合召开会议,决定将两个组织合并为中华人民共和国科学技术协会,普及科学技术作为其重要任务之一被写入会议决议。这一时期,伴随着"技术上门"活动和科学实验运动等的开展,农村科普也得到迅速发展,农业生产的很多关键技术在这一时期得以攻关和推广。

随着"文化大革命"的深入,农村科普事业受到重创。不过有识之士仍排除万难,为科普事业而不懈奔走、呼喊。著名科普作家高士其曾在全国四届人大一次会议上写给周恩来总理一张纸条:"科学普及工作现在无人过问,工农兵群众迫切要求科学知识的武装,请您对科学普及工作给予关心支持。"周恩来总理第二天便批示有关部门处理,体现了党和政府对科普工作的重视和支持。

1976 年 10 月,"四人帮"被粉碎,农村科普事业重获"新生"。

三、改革开放四十年的农村科普(1978—2017 年)

"四人帮"被粉碎后,科学迎来春天,党和国家在几次关键节点的重大部署推动了中国科普事业蓬勃发展。

1978 年 3 月,全国科学大会召开,邓小平指出,"四个现代化,关键是科学技术的现代化""科学技术是生产力"。党的十一届三中全会胜利召开,作出以经济建设为中心的重大决策,为科普事业的新发展奠定了政策基础，农村科普工作也进入了活跃时期。

中国科协第三次全国代表大会上，胡启立在代表党中央和国务院讲话时，肯定了农村科普工作在振兴农村经济中的重要作用，并为农村科普指明了方向，"我们必须既'治贫'，又'治愚'……各级科协要面向社会，特别是面向农村，加强科普队伍的建设，广泛开展科普教育……"

20 世纪 80 年代，伴随我国农村改革的深化，农村科普工作也得到突破性发展，"其主要标志是科普和农村经济密切结合，科普和农村的科技试验示范的密切结合，科普宣传和农村实用技术培训服务的结合"。与此同时，"星火计划""丰收计划""燎原计划"的逐步实施，对于助力农业技术推广、推动农村科普发展、培养农业科技人才等起到了重要作用。

1991 年，《中共中央关于进一步加强农业和农村工作的决定》提出"抓紧实施科技、教育兴农的发展战略"，首次将"科教兴农"列为发展战略。1993 年，《中华人民共和国农业法》第七条提出"国家依靠科学技术进步和发展教育兴农""科教兴农战略"入法，明确了要依靠科技和教育来解决"三农"问题。

1994 年 12 月，《中共中央 国务院关于加强科学技术普及工作的若干意见》出台，这是我国第一个全面论述科普工作的官方文件。该文件提出，要从科学知识、科学方法和科学思想的教育普及三个方面推进科普工作。针对农村科普，其明确要求，要继续面向亿万农民，特别是贫困地区、少数民族地区的农民，传播和普及先进适用技术，因地制宜、扎实有效地开展农村科普工作。

2002 年 6 月 29 日，《中华人民共和国科学技术普及法》颁布实施，这是我国第一部关于科普的法律，从此科普工作走上法制化、规范化的道路。《科普法》指出，加强科学技术普及事关科教兴国战略和可持续发展战略的实施，事关公民的科学文化素质的提高，对于推动经济发展和社会进步有重要作用。关于农村科普，《科普法》强调："国家加强农村的科普工作。农村基层组织应当根据当地经济与社会发展的需要，围绕科学生产、文明生活，发挥乡镇科普组织、农村学校的作用，开展科普工作。各类农村经济组织、农业技术推广机构和农村专业技术协会，应当结合推广先进适用技术向农民普及科学技术知识。"农村科普从重视使用生产技术的推广、服务农业生产，向同步强调科学思想、科学精神转变。

《全民科学素质行动计划纲要（2006—2010—2020 年）》将农民列为重点科普对象，提出实施农民科学素质行动，要向农民宣传科学发展观，重点开展保护生态环境、节约水资源、保护耕地、防灾减灾，倡导健康卫生、移风易俗和反对愚昧迷信、陈规陋习等内容的宣传教育……将推广实用技术与提高农民科学素质结合起来，着力培养有文化、懂技术、会经营的新型农民……提高农村妇女及西部欠发达地区、民族地区、贫困地区、革命老区农民的科学文化素质。《农民科学素质教育大纲》等政策文件，也对通过教育培训和科学普及提高广大农民的科学素质提出明确要求。

随着信息技术与互联网的迅猛发展，农村科普更加重视信息化发展。2014 年，中共中央政治局委员李源潮出席中国科协八届五次全委会议时指出，加快推进科普信息化，让科学知识在网上流行。《中国科协关于加强科普信息化建设的意见》《中国科协科普发展规划（2106—2020 年）》对推动科普信息化作出部署，《全民科学素质行动计划纲要实施方案（2016—2020 年）》提出，加强农村科普信息化建设，推动"互联网＋农业"的发展，促进农业服务现代化。

"科技创新、科学普及是实现创新发展的两翼，要把科学普及放在与科技创新同等重要的位置。没有全民科学素质普遍提高，就难以建立起宏大的高素质创新大军，难以实现科技成果快速转化……希望广大科技工作者以提高全民科学素质为己任，把普及科学知识、弘扬科学精神、传播科学思想、倡导科学方法作为义不容辞的责任，在全社会推动形成讲科学、爱科学、学科学、用科学的良好氛围，使蕴藏在亿万人民中间的创新智慧充分释放、创新力量充分涌流。"2016 年，全国科技创新大会、两院院士大会、中国科协第九次全国代表大会在北京召开，习近平总书记把科学普及和科技创新置于同等重要的位置，提出了我国新时期科技发展战略蓝图，为面向城市和农村的科普工作定位导航。《国家创新驱动发展战略纲要》也将"加强科学技术普及，提高全民科学素养，在全社会塑造科学理性精神"列为重要内容，写入其中。包含农村科普在内的中国科普事业全新起航。

四、新时代的农村科普（2017 年至今）

中国是农业大国，农业、农村、农民问题是关系国计民生的根本性问题。1982—1986 年，中共中央连续五年发布以"三农"为主题的中央一号文件，2004—2020 年又连续十七年发布以"三农"为主题的中央一号文件，凸显了"三农"问题在社会主义现代化建设时期的重要地位。加强农业科学技术和教育工作、加强农业科研和技术推广、实施科普惠农兴村计划、全面提高农民思想道德素质和科学文化素质等内容被写入中央一号文件，为农村科普的深入开展提供了政策支撑。

党的十九大迎来了中国特色社会主义新时代，习近平新时代中国特色社会主义思想被确立为党必须长期坚持的指导思想并庄严地写入党章，实现了党的指导思想的与时俱进。第十三届全国人民代表大会第一次会议通过宪法修正案，习近平新时代中国特色社会主义思想载入宪法，实现了国家指导思想的与时俱进。

2017 年，党的十九大报告首次提出实施乡村振兴战略；2018 年，《中共中央 国务院关于实施乡村振兴战略的意见》提出要加强农村科普工作，提高农民科学文化素养；《乡村振兴战略规划（2018—2022 年）》强调要加强农村科普工作，推动全民阅读进家庭、进农村，提高农民科学文化素养。农村科普迎来历史发展新机遇。

第三节 农村气象科普概述

一、农村气象科普的基本概念

农村气象科普是指针对农村广大公众所开展的普及气象科学知识，传播气象科学方法、科学思想、科学精神，推广气象科学技术，提高公众气象科学文化素质的科普活动。

在一定环境背景下，农村气象科普是以促进农村大众智力开发和基本素养提升为使命，利用电视、微博、手机客户端等载体，以及众多的农村气象科普教育、气象科普服务形式，面向社会、面向大众，以农业生产需求为导向，传播科学精神、科学思想、气象科学知识、气象科学方法、气象科学文化，推广气象科学技术，提高公众气象科技素养，从而取得预期的社会、经济、教育和科学文化效果的社会化的传播活动。

（一）农村气象科普的特点

1.科学性

气象科普主题活动的科学性主要体现在内容策划具有科学性和技术性。农民通过参加农村气象科普活动，可以开阔眼界，获取农业气象科学知识、气象科学应用技术，从而激发和提高其对农业气象科学技术的兴趣和认知。

2.思想性

引导农民相信科学，解放思想、破除迷信活动，弘扬中国传统文化，遵守国家法律、法规，关心国家农业发展方向，以及国民经济建设。

3.实践性

在气象科普活动中，农民通过聆听科技方面的讲座、观摩先进的气象仪器设备功能展示，可感受气象科技实践成果，从而合理利用气象知识趋利避害，提高农经作物产量，提高生产生活质量，获得实际收益。

（二）农村气象科普的传播形式

随着时代发展，科学技术不断进步、国民经济持续发展，人们的精神文明和物质文明水平都得到极大提高。科普活动类型随社会市场需求也在不断创新，根据传播方式主要分为两类：

1.农村气象科普的组织传播

（1）政府主导

围绕农村改革发展的总体要求，气象部门在各级地方政府的主导下遵循"政府领导、财政保障，部门合作、气象主办、农户参与，统筹规划、突出重点，整合资源、信息共享"的原则，结合需求，立足现有基础，科学合理布局，强化薄弱环节，积极推进农村气象科学技术的应用与推广。加强部门合作，建立长效机制。逐步建立政府统一领导、综合协调，相关部门各负其责、有效联动，全社会积极配合、共同参与的气象为农服务和农村气象防灾减灾组织体系；建立有效的乡镇气象信息服务站、气象协理员、农村气象信息员等管理体系；建立农村气象服务体系监督制度。做好天气精准预报决策服务、公共服务、大众服务，尤其是发挥气象服务"三农"的重要作用，以体现气象科技在农业生产的应用价值，统筹集约气象各种有效资源，提升农业气象灾害监测预警能力、农业气候资源开发利用能力，以及提升农村公共气象服务能力和现代农业气象服务水平。同时，利用气象科普活动、农业气象科技论坛等形式邀请地方政府、相关行业参与气象科普活动，加强农业、水利、林业、通信等有关部门与气象部门的合作，实现部门间信息资料共享，共同做好重大农业气象灾害及其次生、衍生灾害的预报预警和农村各类突发公共事件的气象应急保障工作，展示气象科技现代化水平，以及在国民经济建设中气象科技发挥的重大作用。

（2）科普论坛

论坛是指一种高规格、长期主办组织、多次召开的研讨会议。气象部门以农村气象服务需求为导向，利用每年科技活动周，开展气象科技下乡活动，确定论坛主题；定期举办农村科普与农村气象科技服务研讨会，构建交流平台，助推气象为农服务可持续、高质量发展。

（3）科普讲座

科普讲座效果较为明显，是较为常见的一种科普活动方式。科普讲座中科技报告人的语言表达是主要的科普载体，科技专家个人的魅力展示、最新的农业气象科学知识、与观众互动、答疑解难，讲座内容的设置要具有科学性、前瞻性，且通俗易懂，便于观众理解和接受。因此，所邀请的气象、农业或相关专业的科技报告人的素质与水平直接影响传播效果。

（4）科普咨询

科普咨询一般分为两种形式：一是组织气象科技专家进农村田间地头、进乡村学校一对一地讲解普及科学知识、技术；二是举办农村科普咨询会，受众人数较多，更容易发挥深度传播的作用。

（5）科普展览

科普展览的表现形式包括展板、挂图、橱窗、视屏、仪器模型、虚拟现实（VR）动漫、小球大世界、电子图书、流动科普设施等。在科普展览中，各个场景的科普展览内容既可以由经过专业培训的讲解员介绍，也可由观众自行观看。在布展时，应充分考虑科普展示的表现手段，采取图文并茂或实文并茂、影像、互动体验等方式，以更直观的视觉效果让受众感受到科普的魅力，以通俗易懂的方式让农村受众群体了解气象科普知识、最新气象科学技术，以达到良好的传播普及效果。

（6）科普大篷车

科普大篷车是一种多功能科普宣传车，具有灵活性，便于深入学校、社区、农村以及偏远地区。其丰富多彩的展示内容、多媒体的教育方法、机动灵活的形式，可激发参与者走进科学的热情和兴趣。有条件的单位将普通的车辆改装，车身两侧配有显示屏、车内有科普展品、科普展板、影像设备、音响系统、科普资料、气象模型、气象互动机器人等，犹如一个流动的科普馆，往往受到大众的欢迎与好评。

（7）科普体验

为参与农村气象科普活动的体验者提供更多视觉、互动、实验为主的互动产品，展示具有趣味性的科学实验、具有学习性的研究内容。体验者通过对气象科技场馆各个气象科普展项的亲身体验，以及实地模拟场景感受、科学实验的动手实际操作、科学与游戏结合体验等，探索科学的奥秘，应用科学知识辨识真伪。科普活动有助于农村青少年开阔眼界、增强对科学的兴趣与想象力，从而达到培养科学精神和科学态度的目的。

（8）科普旅游

近年来，国家推动乡村振兴发展，乡村旅游业得到迅速发展，传播中国农耕文化、乡村美食、乡村民俗、气象科学知识在乡村振兴中发挥了巨大的作用；以气象科普为内涵、乡村旅游为载体的气象科普活动正在逐步兴起，已成为乡村旅游业拓展的新亮点，结合大、中、小学游学，进行理论知识与农村社会实践相结合的有益尝试，是一种寓教于乐的新农村气象科普手段。将气象科普教育与休闲旅游融于一体，气象科普主题活动是一种新兴的旅游形式，迎合了广大中小学生对气象科学、大自然好奇的天性，能让他们在玩乐中轻松学到气象知识，是周末及节假日家庭出游的最佳选择。目前，关于气象科普旅游的理论研究尚处于初始阶段，关于科普旅游的概念，不同行业、不同学者从不同的角度有不同的见解。

随着我国国民经济的快速发展，气象事业发展以及气象科技水平不断提高，气象科普场馆、气象科普基地设施建设也在不断完善。部分省市气象部门利用已有的气象科普场馆、气象科普公园、气象观测场等资源，与旅游公司开展合作，开发气象科普旅游市场，也推动了气象科普旅游的发展。

(9) 科普导游

科普导游是在各类科普场所提供科学知识信息的导游服务，导游人员的构成包括经过培训的专业科普讲解人员、科普志愿者、知名科学家。针对农村气象科普环境场景，气象科普导游需要掌握基本的农业气象知识、了解气象科技发展新动态，用通俗、浅显易懂的语言为参观者介绍气象要素与农、林、牧、畜、渔等的密切关联。

(10) 多媒体技术宣传

加强农村气象科普传播的宣传引导，各镇（街）、各相关部门要充分利用电视、广播、报纸、网络等媒体，加大对气象为农服务建设的重要意义、政策措施以及新进展、新经验的宣传；将气象为农服务基础设施建设、镇（街）气象信息服务站建设和县、镇、村气象为农服务体系建设纳入农村公共服务设施建设规划，统筹安排建设和维护资金。

2.农村气象科普的大众传播

利用大众媒介进行大众传播也是一种传播方式。所谓媒体，是指传播信息的介质，通俗地讲就是宣传平台，即为信息的传播提供平台。至于媒体的内容，应该根据国家现行的有关政策，结合广告市场的实际需求不断更新，确保其可行性、适宜性和有效性。近年来，农村气象科普的大众传播紧紧围绕气象科技下乡为载体平台，应用气象科技新技术助推乡村振兴发展。

在开展气象科技下乡实施过程中，常常利用报纸、电视、广播、杂志四大媒体，此外还应有户外媒体、网络媒体、新媒体，如手机短信、微信、微博等进行宣传。

随着科学技术的发展新媒体的涌现，例如：交互式网络电视（IPTV）、电子杂志、短视频手机应用软件（APP）等，新媒体在传统媒体的基础上发展起来，但与传统媒体又有着质的区别。因此，农村气象科普工作既要注重传统媒体宣传，也要与时俱进，学习新媒体技术并加以有效利用。作为科普工作者，只有深入了解传统媒体与新媒体，才能在策划农村气象科普活动中选择最合适的方式，进而产生更好的效果和更大的影响力。

媒体按出现的先后顺序可划分为：第一媒体——报纸刊物、第二媒体——广播、第三媒体——电视、第四媒体——互联网、第五媒体——移动网络。但是，就重要性、适宜性、有效性而言，广播的今天就是电视的明天。电视正逐步沦为"第二媒体"，而互联网正在从"第四媒体"逐步上升为"第一媒体"。虽然电视的广告收入一直有较大幅度的增长，但"广告蛋糕"正日益被互联网、户外媒体等新媒体以及变革后的平面媒体所瓜分，这已是不争的事实。同时，平面媒体已经涵盖了报纸、杂志、画册、信封、挂历、立体广告牌、霓虹灯、空飘、LED看板、灯箱、户外电视墙等广告宣传平台；电波媒体也已经涵盖了广播、电视等广告宣传平台。基于此，就适宜性而言，媒体应按其形式划分为平面、电波、网络三大类：平面媒体主要包括印刷类、非印刷类、光电类等；电波媒体主要包括广播、电视广告（字幕、标版、影视）等；

网络媒体主要包括网络索引、平面、动画、论坛等。也就是说，如果按其形式予以适当调整后，明确划分"媒体"，那么，我国目前现行的媒体就只有平面、电波、网络三大类媒体。

二、农村气象科普的受众对象

农村科普面向的对象主要是农民、农业农村干部、气象信息员、农村青少年、返乡农民工。

（一）农民

农民是指长期居住在农村社区，并以土地等农业生产资料长期从事农业生产的劳动者。他们占有或长期使用一定数量的生产性耕地，大部分时间从事农业劳动，经济收入主要来源于农业生产和农业经营。

对照实施乡村振兴战略的要求，当前农村科技人才匮乏、农民适应生产力发展和市场竞争能力不足的现象依然存在，农民的年龄、知识结构、个人素质、生活方式等方面的问题还较为突出。据统计，2018年农村居民科学素质比例仅为4.93%，远低于全国公民8.47%的平均水平。因此，实施乡村振兴战略和全民科学素质行动计划，短板在农村、在农民，难点是农民素质尤其是农民科学素质的提升。

考虑到目前农村劳动力结构的变化，应重点加强面向新型职业农民、小农户、乡村科技人才的气象科普。首先，应当开展以新型职业农民为主体的农村实用人才培训。举办新型职业农民、农村实用人才带头人、村"两委"干部培训班，开展乡土人才示范培训，重点培育发展家庭农场（林场）主、合作社带头人、农技协领办人、龙头企业骨干、社会化服务组织带头人等。培养一批具有气象科学素质、掌握现代农业科技的新型职业农民，全面提升他们的气象科学素质、职业能力和生活水平。其次，应当开展小农户群体科学素质培训。通过线上、线下相结合的方式提升小农户群体的气象科学素质，全面普及绿色发展、防灾减灾等知识，帮助养成科学、健康、文明的生产生活方式。最后，应当开展乡村科技人才培训。通过开展技能培训、强化专家及乡土人才指导等方式，助力培养一支综合素质高、生产经营能力强、主体作用发挥明显的乡村科技人才队伍；加大农村学校科技辅导员气象科普力度，重点开展气象科技活动辅导、防灾减灾、生态环境保护等方面的培训。

（二）农业农村干部

农村乡镇基层干部是农村经济发展的地域主导者和社会管理者，是农村经济可持续发展的中流砥柱。他们所具备的科学素养、知识水平、管理方式、科学方法、科学水平，对于谋划农村区域化的经济发展规划和科学决策，在调整产业结构、农业生产、劳动力结构优化、实施科学管理中发挥着决定性作用。农村每年因气象等自然灾害造成的巨大损失不可估量。因此，提高农村乡镇基层干部气象科学素养，加强农村乡镇基层干部气象科技教育培训工作是当务之急。政府部门需要加大农村干部气象科普教育培训力度，推动其了解气候变化知识，合理利用气候资源，提高防灾减灾意识，减少因气象灾害造成的经济损失，以及人员伤亡事件。

应当把气象科技教育作为领导干部和公务员培训的重要内容，引导领导干部和公务员不断提升气象科学管理能力和防灾减灾科学决策水平。推动气象科普课程进机关、进党（干）校、进干部培训课堂，积极利用网络化、智能化、数字化等教育培训方式，扩大优质气象科普信息覆盖面，满足领导干部和公务员多样化学习需求。举办气象领域院士主讲的面向领导干部的高端讲座，广泛邀请党政领导干部参加群众性气象科普活动。

（三）气象信息员

为加强气象灾害的防御，自 2008 年起，全国气象部门在各省（自治区、直辖市）建设由村镇气象协理员和村屯信息员组成的气象信息员队伍（一般由村镇干部兼任）。截至 2019 年，全国各省（自治区、直辖市）共有气象信息员 78 万人，覆盖 99.7% 的村屯。

气象信息员的主要任务是：负责气象灾害预警信息的接收和传播，能结合当地实际提出灾害防御建议，协助当地政府和有关部门做好防灾减灾工作，并指导社会公众科学避灾；参加气象防灾减灾技能培训，能够熟练掌握本区域可能发生的各类气象灾害、防御重点及相关防灾避险知识；负责本区域内气象灾害及次生灾害信息的收集和报告，协助当地气象主管机构做好灾情调查、评估和鉴定工作；协助当地气象主管机构，做好本区域内气象设施的日常维护及安全管理工作，发现设备被盗、损坏等异常情况立即报告当地气象主管机构；负责气象灾害防御知识和气象科普知识的普及、宣传；收集当地气象服务需求信息及合理化建议，反馈气象服务效益。

由气象信息员的职责可以看出，加强对气象信息员的气象科普，是建设防灾减灾救灾"最后一公里"防线的关键。应当通过开展定期培训、印发科普书籍、网络平台常规科普等多种形式，做好气象信息员科普工作。

（四）农村青少年

农村青少年主要是指学习、生活在农村的未成年人，尤其指少年，即十岁至十五六岁这一年龄段的孩子，相当于小学高年级至高中以前阶段。

农村青少年是新农村的未来，也是未来城市的重要人群。应当加强传播气象科学文化知识，进一步提高广大农村青少年的气象科学素质和相关技能水平，为脱贫攻坚和乡村振兴做出贡献。应当举办各类青少年气象科普活动，将青少年气象科普活动与校园气象科技教育紧密结合，创造性地开展气象科普嘉年华、气象知识网上竞赛、宝贝报天气、气象夏令营等多种活动，并在活动中注重对青少年创新意识、科学思维、科学方法和科学精神的培养。继续扩大"气象防灾减灾志愿者中国行"活动的影响力，促进全国高校科技类学生社团增加气象类实践活动，推动相关高校气象类学科主办"校园气象科技嘉年华"等科普活动。应当加大对校园气象站辅导员的培训力度，搭建全国校园气象科技教育交流平台，为广大教师和学生提供相互学习、相互交流、共同提高的平台。应当鼓励气象科技工作者走进校园开展科普活动，局校联合举办气象科学教师和科技辅导员培训，动员各级气象部门面向青少年开放实验室等教学科研设施。

（五）返乡农民工

近几年，由于强农惠农富农政策力度加大、农产品价格上扬、务农效益提高，农民工返乡趋势明显，一直保持在 20％以上。返乡农民工利用打工增长的见识、本领和获得的资金、信息，走自主创业的道路，有力地推动了当地经济发展。据调查，返乡创业的农民工在农业领域创业的占 28.3％。很多返乡农民工创办了农产品生产、加工、销售经济实体，牵头创立了专业合作组织、科技示范基地、优质农产品生产基地，正成为农业规模化生产和产业化经营的重要推动力量。返乡农民工思想理念先进、创业欲望强烈、经济实力较强，可以通过技术培训、政策引导和创业扶持，将其培养成新型职业农民。

三、农村气象科普的内容

科普内容由科学知识大众化传播，转变为科学技术和包括科学思想、科学精神、科学方法在内的科学文化的传播。在推动农村气象科普活动常态化过程中，我们将农村气象科普内容大致归纳为四个方面：

一是传播推广气象科技知识、气象灾害知识、自救防御知识。

二是指导农民掌握气象科学技术，科学种植、养殖。

三是在农村倡导科学方法、传播科学思想、弘扬科学精神，将科学思想作为农村生活、生产的行动指南。

四是在农村传播气象文化，丰富和开拓群众视野。

农村气象科普必须一切从实际出发，将科学思想、科学方法与科学精神渗透于农民的日常生活之中，逐步提高农村人群科学素养。气象科普工作者需要观念创新，研究农村气象科普战略、策略和部署。同时必须清醒地认识到，农村气象科普是推动农村气象服务科技工作不可缺少的重要内容，是公共气象服务的有效延伸，也是助推社会主义新农村发展建设的一个重要因素。

四、农村气象科普的定位与作用

（一）新时代农村气象科普面临机遇与挑战

中国是农业大国，重农固本是安民之基、治国之要。2004—2020 年，中共中央、国务院连续十七年发布以"三农"为主题的中央一号文件，强调"三农"问题在中国社会主义现代化建设中的重要地位。党的十九大报告首次提出实施乡村振兴战略。2018年中央一号文件强调，实施乡村振兴战略，是决胜全面建成小康社会、全面建设社会主义现代化强国的重大历史任务，是新时代"三农"工作的总抓手。

靠天吃饭仍然是我国农业发展的客观现实，党中央、国务院历来高度重视气象为农服务。2005—2020 年，中央一号文件连续十六年对气象为农服务作出部署。《中共中央 国务院关于实施乡村振兴战略的意见》指出，要提升气象为农服务能力、加强农村防灾减灾救灾能力建设。《乡村振兴战略规划（2018—2022年）》明确提出，要发展智慧气象，提升气象为农服务能力，在加强农村防灾减灾救灾能力建设方面，要坚持以防为主、防抗救相结合，坚持常态减灾与非常态救灾相统一，全面提高抵御各类灾害综合防范能力，要在农村广泛开展防灾减灾宣传教育。

农民科学素养相对较低是我国科普工作面临的客观现实，气象科普在保障生命安全和促进生产发展、生活富裕、生态良好中大有可为。农业生产活动对天气气候条件的依赖程度很高，气象科普是趋利避害以高质量气象服务助力乡村振兴的重要抓手。据统计，2018年农村居民科学素质比例仅为4.93%，远低于全国公民8.47%的平均水平。相对而言，我国农业是易受气象灾害影响的最脆弱的产业，我国农民是气象科学知识普及最薄弱的群体。作为农民科学素质的重要组成部分，气象科学素质是其科学主动防治农业气象灾害、合理利用农业气候条件、提高农业生产效率、提高农作物经济价值、保障农民生命财产安全、保护乡村生态环境的前提和基础。气象科普有利于促进智慧气象科技成果的转化，助力乡村产业振兴；有利于提高农民气象科学素质，助力乡村人才振兴；有利于传承创新发展以农耕气象文化为重要内容的优秀传统乡村文化，助力乡村文化振兴；有利于用好"两山论"传播绿色发展理念，助力乡村生态振兴；有利于发挥农村基层党组织的战斗堡垒作用，积极宣传贯彻党的政策，推动乡村组织振兴。

（二）气象科普助推乡村振兴发展的实践

为全面贯彻落实《关于深入开展文化科技卫生"三下乡"活动的通知》及《全民科学素质行动计划纲要（2006—2010—2020

年）》精神，自 2009 年起，中国气象局、中国气象学会联合农业部、科技部、中国科协等相关部门连续 10 年开展了"气象科技下乡"活动，积极推进气象科普工作融入气象为农服务。通过开展内容丰富、形式多样、群众喜闻乐见、互动性强的科普活动，先后深入贵州、陕西、河南、吉林、湖北、山东、四川、云南、山西、黑龙江和内蒙古 11 个省（自治区）的村镇，将气象科技知识和气象防灾减灾知识送到田间地头，引导当地群众趋利避害，为促进农村发展、农民增收、农业增效做出了突出贡献。

（三）气象科普助推乡村振兴发展的工作路径

深入贯彻《中国气象局党组关于贯彻落实乡村振兴战略的意见》对气象科普工作的安排部署，强化气象科普宣传，助力乡村文化兴盛。以科技兴农，以服务惠农，提升乡村气象科普工作水平，传承发展农耕气象文化，全面提升农民科学文化素养，助力乡村振兴发展。

1.多方合作、共同推进

气象科普向乡村延伸。一是要发挥基层气象部门推动乡村振兴的主力军作用，强化基层气象部门气象科普职责，提高对气象科普的认识，提高气象科普能力；二是要形成部门联动和上下联合的强大合力，联合相关部委和地方政府，并结合气象部门现有科普资源和发展体系优势，融入国家文化、科技、卫生"三下乡"等活动；三是要调动全媒体资源和全社会力量，通过各类媒体打造全媒体传播矩阵，同时鼓励社会力量参与，共同打造为农服务体系，助力乡村振兴。

2.强基固本、因地制宜

提升农村气象科普能力。一是加强基层气象科普基础设施建设，推进业务体系和管理体系建设，实现基层气象科普业务化和管理工作的实时化、信息化、平台化；二是搭建社会化气象科普基础服务平台，实现涉农各领域科普资源共享；三是打造有影响力的气象科普品牌，结合当地需求，多角度、多渠道开展气象科普活动，推进农村气象科普系列品牌化；四是加快科普人才队伍建设，培养一大批直接面向农业农村农民的气象科普人才队伍。

3.创新驱动、传承文化

拓展农村气象科普领域。一是创新理念和方式，吸纳社会各界及部门内部力量，与时俱进改进对农村的科普理念、整合科普内容资源、增加新型传播方式；二是改进技术和方法，创新气象科普的形式、内容、方法和技术，因地制宜、因人而异，变输出供给式为交互体验式，融入智慧气象和"互联网+"等模式，提高气象科普在广大农村的覆盖面和影响力；三是传承和创新文化，深入研究传统农耕气象文化，并结合当地特点增加新兴气象科技因素，引领传统文化回归并服务于现代农事。

4.共建共享、融合推进

创新农村气象科普模式。一是建立大格局，新时期的农村气象科普，需要从理念思路、内容形式、方法手段上与时俱进，以更加积极的面貌响应国家乡村振兴战略的要求，建立"政府推动、部门协作、媒体搭台、社会参与"的乡村气象科普工作格局；二是建立新模式，科普是全社会的共同责任，新时期的气象科普，应当打破行业、部门和地域的限制，加强联动协作，统筹规划，取长补短，共建共享，发展农村气象科普的（1+X）模式，形成推进气象助力乡村振兴发展的合力。其中，"1"代表气象，"X"代表政府、农业、科技、教育、文化、旅游、媒体等相关部门、领域和行业。着重发挥气象"趋利"和"避害"的双重作用，在助力乡村产业振兴、生态振兴、文化振兴、组织振兴、人才振兴中发挥气象科普的先导性、基础性作用。

(四) 气象科普助推乡村振兴发展对策与举措

1. 创新农村气象科普理念

"气象科技下乡"活动一直以打造气象部门普及、传播农业气象科技和气象科学知识的重要平台为目标,通过开展气象科技下乡活动有效推进气象为农服务工作可持续发展。但在历年科技下乡活动的开展过程中,我们常常发现国家、省、市、县各级气象主管机构对于农村气象科普活动的理念和认识存在很大差异,也因此导致气象科普工作推动的力度和效果有所不同。是将气象科技下乡活动仅仅当作一次科普活动任务完成而已,还是充分利用好这个气象科普平台发挥公共气象服务延伸作用?实践使我们清醒地认识到,对气象科普工作应当提出更高的要求。要把气象科普工作当作一项常态化气象科普业务工作来对待,要深挖总结在日常气象服务工作过程中潜意识进行的科普工作案例,要充分发挥气象科普工作在推动气象为农服务方面的基础性、先导性、前瞻性作用。从国家层面,应加大对各级气象主管机构气象科普理论的培训,提高气象部门各级管理人员对气象科普工作重要性的认识,提高对农村气象科普工作认识,提高气象科普在公共气象服务中发挥先导性作用的敏感性,提高对气象科普工作是气象公共服务的有效延伸的认识。

2. 提升科普活动内容的科技含量

早期的"气象科技下乡"科普活动形式过于单一,以办讲座、发宣传页等传统科普手段为主,对农村气象科普工作定位认识不足、挖掘不够。随着经济社会发展,科学技术不断进步,气象科普的手段和方式也随之不断改变与创新,要转变观念,融入气象业务发展,融入社会发展。

近年来,中国气象局气象宣传与科普中心结合实地考察农村种养殖业对气象服务的需求与服务效果,在科技下乡活动中设计推出本省气象科技成果应用展览、组织召开气象科普助推气象为农服务经验交流会、实地考察观摩农村气象科技应用实验基地、推出院士科普讲堂等内容，有效丰富了农村科普内涵以及气象科技含量。例如，云南省气象局、山西省气象局等举办的气象科技下乡气象为农服务展，全面展示了云南、山西等省气象科技成果在气象为农服务过程中发挥的巨大作用和所取得的成效。

3. 强化科普活动保障

中国气象局气象宣传与科普中心在全国推动"气象科技下乡活动"走进 11 个省份，目前已成为中国气象局科技活动周的重点活动之一，今后要努力打造成具有影响力的品牌活动，需要健全体制机制、经费等方面的保障体系和评估与考核机制，为活动的全面统筹策划提供一定的支撑。因此，要强化活动保障，推进"气象科技下乡"活动可持续发展，以及品牌活动的打造。

第四节　农村气象科普发展历程与现状

气象科普是我国气象事业发展的有机组成部分，也是构成我国科普大厦的重要基石之一。

一、农村气象科普发展历程

（一）新中国成立前的农村气象科普

气象科学伴随人类文明同步发展，而人类文明最初起源于农耕文明。大气圈是人类赖以生存的自然环境的重要组成部分，气象条件对人类的生产生活带来巨大影响。我们对气象的认识和了解大致分为对气象环境的本能适应、依据经验抵御自然灾害和应用气象知识于生产生活、对气象变化的揆卜、利用积累的知识开展观测和预报几个阶段。气象科普也随之慢慢出现。

殷商时期的甲骨文中就有了关于气象的记录，例如风、雨、雪、虹等。其中关于降水、天空状况、风、云雾等天气现象的记录也比较完整。仅雨就有细分，例如"甲寅卜，不茸（幺）雨""今夕，雷其雨""贞，其亦冽雨"，其中"茸（幺）雨"就是毛毛雨，"雷其雨"就是雷阵雨，"冽雨"就是暴雨。

甲骨文中还有测天的记录。1936年出土的一片殷墟卜辞，证明了殷王文丁六年三月二十日（公元前1217年3月20日，癸亥）一次贞旬的验辞。"癸亥卜，贞旬。乙丑，夕雨，三夕。丁卯，明雨。戊辰，小采风雨。己巳，明启。壬申，大风自北。"商代计时，夕指夜间，明指天亮时，小采指傍晚。上述卜辞意为，癸亥日进行占卜，预测未来10天的天气。（第一天为甲子日，转阴天。）第二天乙丑，从头一天晚上开始下雨，下了三夜。到第四天丁卯，天亮时还在下雨。第五天戊辰，傍晚起了风雨。第六天己巳，早晨云开天晴。（第七天庚午，第八天辛未继续是晴天。）第九天壬申，起了很大的北风。（第十天癸酉，晴天，该做下一次占卜了。）这份连续10天的天气实况记录，表明那时不仅要制作10天天气预报，而且事后还要逐日进行验证。

从夏商时代开始，我国便有了世室、重屋、四单的官方测天场所。到了春秋战国时期，争鸣的百家都十分重视观察气象现象和探索气象规律，并出现了"天官冢宰"一类的从事与气象工作相关的官职。秦汉时期我国古代气象体系臻于完善，这时出现了世界上最早的测风仪器"铜凤凰"和"相风铜乌"。李淳风完成了风力等级的划分。沈括利用延安、太行山等南北各地的动植物化石来论证地理变化、推断气候变化。

古代的典籍也有对天气气候的记录和气象思想的反映。《周易》四象八卦以气象知识为框架，《周髀算经》记载了二十四节气日影长度，《夏小正》记录了夏代及以前的物候、气候和节令知识，《管子》提出了旱涝指标。《吕氏春秋》不仅是对前人气象知识的综述，"天生阴阳寒暑燥湿，四时之化，万物之变，莫不为利、莫不为害。圣人明察阴阳之宜，辨万物之利以便生，故精神安乎形，而年寿得长焉"强调了要探索规律，趋利避害。我国最早的一部诗歌总集《诗经》中也蕴含了大量的气象知识和一些观天经验。

气象观测和研究成果除主要应用于农业外，还有军事、医学、交通等，相关著述可见于《齐民要术》《孙子兵法》《黄帝内经》《天工开物》等。各种典籍在气象知识的推广应用方面发挥了重要作用，气象谚语、历法和节气等气象知识在民间也得到广泛传播，百姓据此来安排农事和生活。

灿烂的历史孕育了中国古代辉煌的科技文明，但是从清代前期开始，主动进行的科学文化交流逐渐减少，气象事业发展也因此受阻。直至19世纪70年代，《测候丛谈》《御风要术》《气学丛谈》等译本的出现，让人们对先进气象学知识有了系统的认识。值得一提的是，太平天国时期创制的"太平新历"，已把当年的气候变化、植物生长情况以及有关农业生产的知识附在下一年的历书里，供农民耕作时参考。《盾鼻随闻录》记载："凡遇阴晴，三日前遍挂'伪'牌，其应如响，诡称天父下界告知，实则有'伪'军师精占课，'愚'民骇异，诧为真有神灵，倾信益众。"由此可见，那时通过挂牌的方式将未来3天的天气预报告知群众，群众性气象科普初现端倪。

辛亥革命推翻了清王朝，1920年，南京高等师范文史地部开设气象课，中国气象教育从此开端。随着1924年中国气象学会的成立，农村气象科普进入了新阶段，其创办的《气象杂志》于1935年7月25日出版第一期，开始刊载全国天气情况，出版后订阅量激增，极大地满足了国人对天气预报知识的需求。由竺可桢任所长的中央研究院气象研究所，1938年搬迁到重庆后，《气象月刊》《气象学报》等刊物在战乱中仍不定时出版，在推进气象业务发展、气象教育和气象科学普及方面发挥了重要作用。

（二）新中国成立后的农村气象科普

历经抗日战争、解放战争，新中国气象事业百废待兴，首要任务是恢复建设并迅速融入国民经济建设，包含农村气象科普在内的气象科普工作也伴随这一进程而发展。

新中国成立后气象科普正式发声。1951 年，中国气象学会在《大众科学》杂志上开辟"气象知识"专栏，刊发气象科普文章。

"气象部门要常常把天气告诉老百姓"，毛泽东主席这样指示；"气象用语要通俗化"，周恩来总理这般期望。他们为气象工作的开展指明了方向。1956 年 6 月 1 日，《天气预报》公开广播后，气象工作为群众和生产建设服务更为直接广泛了。科普期刊《农业气象》创刊，主要面向广大气象站人员、学校教员、农村干部等普及气象科技知识。一批气象科普积极分子也创作出版了《风》《雨》《雷》《气象漫谈》《灾害性天气》《民间测天法》等科普读物。在有关电影制片厂的协助下，《风》《雨》《台风》《天有可测风云》等被搬上银幕。1962 年，《十万个为什么》（气象分册）编写完成，生动地科普了气象科学知识。最具代表性的科普作品当属竺可桢和宛敏渭合著的《物候学》，1963 年由科学普及出版社出版，介绍了我国古代的物候学知识及各国物候学的发展等，解读了物候学的定律及与农业生产的关系。

"文化大革命"十年，刚起步不久的中国气象科普事业受到严重影响。《气象译丛》《中国气象》《气象学报》停刊，但仍有不少气象科普工作者克服困难，编写出版了《田家五行选释》《云的科学》《观云识物测天气》等科普读物，拍摄了《改造田间小气候》《防御寒露风》《观云测天》《气象站天气预报》《军事气象》等气象科教片，坚持面向农民和普通大众开展气象科普宣传。

（三）改革开放后的农村气象科普

1978 年全国科学大会召开，特别是党的十一届三中全会胜利召开，党和国家把发展科学技术放到重要战略地位，气象事业进入恢复发展期，气象科普事业也迎来春天。

中国气象学会 1980 年 1 月成立科普工作委员会，科普刊物《气象知识》于 1981 年 2 月创刊，标志着十年浩劫后气象科普工作正式恢复。特别是 1982 年 4 月，在重庆召开的中国气象学会科普工作会议，传达了时任国务院副总理万里"给农民普及气象知识很重要，可以多编点小册子"的指示，彰显了党和国家对于农村气象科普工作的重视。

1994 年 12 月，《中共中央 国务院关于加强科学技术普及工作的若干意见》出台，明确提出要开展农村科普工作。为落实党中央和国务院的有关精神，1996 年，中国气象局成立科普工作协调小组，下设科学技术普及办公室，并下发《中国气象局、中国气象学会关于加强气象科学技术普及工作的意见》，推动全面普及气象科学知识、科学方法、科学思想。

这一时期气象台站开始逐步面向公众开放，气象科普进社区、进学校等活动蓬勃开展，世界气象日纪念活动从 1980 年起开始举办，广播、电视、报刊、图书和网络等气象科普形式不断增多。其中，全国唯一的气象科普期刊《气象知识》（现由中国气象局气象宣传与科普中心主办）充分发挥了主阵地作用，2012—2019 年《气象知识》连续入选新闻出版总署"农家书屋重点报纸期刊推荐目录"。

2000 年《中华人民共和国气象法》提出，国家鼓励和支持气象科学技术研究、气象科学知识普及；2002 年《中华人民共和国科学技术普及法》提出，气象等国家机关、事业单位，应当结合各自的工作开展科普活动。《中国气象局、中国气象学会关于贯彻

〈科普法〉的意见》迅速出台，也为深入推进气象科普工作营造了良好的政策环境。

2004 年，中国气象局确立"公共气象、安全气象、资源气象"的气象事业发展新理念，并特别强调坚持公共气象的发展方向。2006 年，国务院出台《关于加快气象事业发展的若干意见》，强调要加强气象法律法规和科学知识的宣传教育工作，提高全社会气象法律意识，普及气象知识，不断满足人民群众对气象信息的迫切需求，拓展气象信息发布渠道，扩大气象信息的公众覆盖面，建立畅通的气象信息服务渠道，提高公共气象服务的时效性。2008 年，第三次全国气象科普工作会议召开，明确指出，气象科普工作是气象事业科学发展的重要内容，是公共气象服务的重要组成部分，是推动气象事业又好又快发展的重要力量。气象科普正式成为公共气象服务的重要内容。

随着全球气候变暖的日益加剧，极端天气气候事件多发频发，涵盖应对气候变化和气象防灾减灾知识的科普宣传尤显重要。2007 年，《中国应对气候变化国家方案》明确要求，加强气候变化的宣传、教育和培训工作，宣传普及气候变化知识；国务院办公厅印发《关于进一步加强气象灾害防御工作的意见》，强调要加大气象科普和防灾减灾知识宣传力度，深入普及气象防灾减灾知识；加强全社会尤其是对农民、中小学生的防灾减灾科学知识和技能的宣传教育。2008 年，中国气象局和科技部《关于进一步加强气候变化和气象防灾减灾科学普及工作的通知》，要求充分发挥各类科普教育基地的作用，广泛发动科普志愿者，真正做到气象防灾减灾和气候变化科普知识进农村、进社区、进学校、进企业以及车站、码头等人员密集场所。其后，《气象灾害防御条例》《国务院办公厅关于加强气象灾害监测预警及信息发布工作的意见》等相关法律法规和规范性文件，均要求做好气象防灾减灾知识科普宣传。

2012 年，中国气象局气象宣传与科普中心成立，紧紧围绕公共气象服务、气象科学技术应用推广、气象防灾减灾和应对气候变化四大主题开展气象科普进学校、进农村、进社区、进企事业单位气象知识、气象科技的传播工作，促进气象科技服务与科普之间的良性互动。同时，中国气象局气象宣传与科普中心承担全国气象科普工作的策划、组织实施与业务指导，标志着气象科普工作正式走上业务化、常态化发展道路。

伴随着第六次全国气象宣传科普工作会议召开和《气象科普发展规划（2019—2025 年）》的印发，气象科普迈入了新时代高质量发展的快车道。

二、农村气象科普发展现状

据统计，2018 年农村居民科学素质比例仅为 4.93%，远低于全国公民 8.47% 的平均水平。2019 年，中国科协、农业农村部联合印发的《乡村振兴农民科学素质提升行动实施方案（2019—2022 年）》指出，实施乡村振兴战略和全民科学素质行动计划，短板在农村、在农民，难点是农民素质尤其是农民科学素质的提升。

我国是一个农业大国，也是一个气象灾害多发频发的国家，农业是对气候最为敏感的领域之一，灾害性天气直接影响农业生产，尤其是粮食安全始终是关系我国国民经济发展、社会稳定和国家自立的全局性重大战略问题。

"三农"问题归根结底是农民问题，是人的问题。农民是全民科学素质行动圈定的"四大重点人群"之一，因此，面向农民的农村气象科普工作一直是我国气象科普的重中之重。只有不断丰富农民群众的气象科学知识、提升气象科学技术，积极普及气象科学方法和气象科学思想，才能提升农民利用气象知识趋利避害的能力。

在党中央、国务院的高度关注和支持下，在中国气象局的正确领导下，各级气象部门坚持公共气象服务发展方向，全力推动农村气象科普，取得了显著成绩，并呈现出以下特点：

一是初步构建起气象科普社会化工作格局。基本建立"政府推动、部门协作、社会参与"的气象科普社会化工作格局，防灾减灾气象科普纳入全民科学素质行动计划纲要，气象科普融入国家文化、科技、卫生"三下乡"等活动。

二是农村气象科普走上业务化道路。中国气象局气象宣传与科普中心，作为一个国家级气象科普业务单位，对全国农村气象科普工作的策划、组织实施和业务指导是其重要职责之一。例如，"气象科技下乡"是自2009年以来连续多年开展的公益性品牌科普活动，以发挥气象科普先导性作用，助推气象科技成果向农业产业转化为切入点，旨在促进农村发展、农民增收、农业增效、脱贫致富，是面向广大农民群众推广气象科学技术、普及科技知识的重要平台。

三是农村气象科普工作常态化开展。世界气象日、气象科技活动周、防灾减灾周等主题气象科普活动进农村成为常态，年均参与专家1万人，面向农民等重点人群开展气象科普活动，2018年气象科学知识普及率达77.76%。

四是面向农村和城镇的气象科普业务能力增强。截至2019年底，建成346个全国气象科普教育基地、1000多个校园气象站、1200多所气象防灾减灾示范学校、7.8万个乡镇气象信息服务站，专兼职气象科普人员覆盖99.7%的村屯。

五是培育打造特色气象科普品牌。重点策划打造了世界气象日、气象科技活动周、绿镜头·发现中国、流动气象科普万里行、气象防灾减灾宣传志愿者中国行、全国青少年气象夏令营等气象科普品牌活动。活动期间，气象业务和气象科普工作者深入农村开展形式多样的科普活动，传播气象知识，积极推动农民树立气象科学思想，应用气象科学方法服务生产生活。

六是丰硕的气象科普产品为农村气象科普提供了支撑。自2013年以来，全国气象部门年均创作图文类气象科普作品 2100种、影视动漫 366 种、游戏类 55 种、宣传品类 718 种，年均出版发行气象科普图书 140 余万册，制作播出气象科普影视作品 1400 多部（集），为丰富农村气象科普内容，拓展科普形式提供了有力支撑。

第二章

农村气象科普活动的策划

第一节 农村气象科普活动策划概述

一、策划

（一）策划的概念

策划以创意性思维将虚拟的构想变成现实，是务实和创意的统一。针对未来要发生的事情作当前的决策，找出事物的因果关系，衡度未来可采取的途径，作为目前决策的依据。

对"策划"一词的理解应介于"计划"与"规划"之间：相对于"计划"而言，策划更富有预见性，常用于从"无"到"有"的理念创造过程中；相对于"规划"而言，策划则更注重可执行性，是指从宏观布局到细节执行的一个由始到终的完整过程。

策划是一个宏观概念，通常指为达到目的，根据相关数据、资料并依靠经验或客观规律对目标的未来整体性、长期性、基本性问题的规划及目标达成过程中所需要具体执行步骤的计划过程。

策划的定义强调以下几个要点：

（1）策划的现实性原则不能违背，现实资源更不能随意遐想。

（2）策划的灵魂创意是基础，新理念、新主题是策划的核心。

（3）创意必须与现实结合，遵循规律（天时、地利、人和），预测趋势（宏观、中观、微观），通过审时度势来捕捉现实机遇。

（4）策划需整合分析各种资源（历史的、现实的、信息的、实物的），设计出一套理念性强、逻辑思维清晰、有效达到目的的可行性方案。

（5）强调方案得事先预设和操作过程的动态生成。

（二）策划的特点

策划不同于计划，其特点是具有前瞻性、目的性、思维性、系统性、智谋性、操作性、变异性、风险性。

1.前瞻性

策划者应把握政策导向，以战略思维的高度立足现实、深谋远虑、着眼未来做好顶层设计，以实现策划水平和实践结果达到效益最大化。

策划是一个研究分析的过程，具有很强的谋略性。为使科普活动达到很好的效果及影响力，完成调查报告必须把握几个原则，即客观性、务实性、可靠性、参考性。

2.目的性

目的明确是保证策划方案顺利实施的关键环节，也是实现策划效果的关键所在。在科普活动的策划过程中，要围绕整个组织机构的形象策略和近期目标而确立目的。凸显目的性才会形成针对性较强的创意策划，有条不紊地开展科普工作，增强科普活动效果。

3.思维性

策划本质上体现了策划者思维的智慧和统筹部署能力，策划者的思维应具有一定的高度、广度、深度、敏捷度、力度，用辩证的、动态的、发散的思维整合有形资源、无形资源，从而获得最大的效益。

4. 系统性

系统性是策划工作的哲学基础，在策划过程中，策划者具备系统性、逻辑性的思维非常重要，需要统筹考虑、整体把握、系统操作，将无序、凌乱、碎片化的内容进行全方位的逻辑梳理，最终归纳、整合构建出一套系统性较强的方案。

5. 智谋性

智谋性是策划的核心特征，策划人应具有个人智慧的高智性（良好的记忆力、敏锐的洞察力、丰富的想象力、灵活的思维力、高度的抽象力和娴熟的操作力，发现问题，提出新观念、新设想，创造性地解决问题）和集体智慧的密集性。

6. 操作性

操作性主要体现在策划方案能够尊重客观现实需求，解决现实中可能遇到的难题，提出一套行之有效的策划思路，制定适用性强、可操作的实施方案。

7. 变异性

变异性是指策划要有非常强的适应性，依据环境和执行情况变化而进行调整，制定应急方案，把握事件的灵活性和一定的弹性。

8. 风险性

策划具有一定的不确定性和风险性，但在整个策划过程中，对未来可能遇到的问题与风险要充分预期后果，做好策划前的资料信息收集、实地考察，把风险降至最低。

（三）策划的原则

策划在理念、思维、方法上没有固定的模式，策划活动是随机性、灵活性很强的创造性工作。在长期的工作过程中，人们总结归纳出可供借鉴的几条基本原则。

1. 客观现实原则

策划者必须根据现实的背景保持清晰的理念和思维，一切遵循符合现实的原则，广泛调查，从活动主题和现实条件出发，根据举办方所拥有的财力、环境、实物以及可利用的资源，对掌握的数据信息进行客观分析论证，并严格依据事实策划一套符合实际需求的可行方案。

2. 目标主导原则

目标的主导原则在科普策划方案中尤为重要，方案是实现目标的理论构架，以目标为指南。因此，方案一定要凸显、强调实现目标的关键内容，确定在一定的时间内完成可行的近期、中期、远期目标，以及具体的实施方案。

3. 创意创新原则

以创意求得创新是科普策划的关键，是科普活动的生命线，科普活动具备创新性才具有生命力。在内容、形式上创新以吸引更多的受众积极参与并达到预期的目的。因此，创意者需要遵循策划三性原则，即唯一性、排他性、权威性，在现实环境中体验和考究事实的真相、科普的背景、主题的确定、科普的内容。

4. 系统规划原则

策划活动方案是一个系统工程，强调有机性、组织性、有序性和反馈特征，使策划项目能够有序地实现，达到理想的效果。

5. 随机制宜原则

策划活动方案随机制宜是指在策划中把握好机遇和规律的关系，规律是客观的、必然的，而机遇是随机的、偶然的，二者达到统一，在尊重客观规律的基础上充分发挥人的主观能动性。

6. 协同创优原则

整合各种资源是策划活动非常关键的环节，使资源得到有效整合，就必须遵循协同创优的原则，以达到理想目的。

(四) 策划的作用

策划可以为整个活动过程中各项目有条不紊地进行提供保障，

保证活动是具有计划性、连续性和创造性的统筹安排，从而使活动能够达到预期的最佳效果。其作用主要体现在四个方面。

1.计划性

科学的策划：一是防止盲目性，使活动目的明确、对象具体；二是确定活动形式，选择好活动的形式和有效的推进方式；三是注重活动效果，有计划地设计活动的进程和次序，时间分布合理，最终达到最好的效果。

2.连续性

科普品牌活动的打造，关键在于进行系统的系列工作的策划，既可以借鉴以前类似的活动方案，保证活动不间断、有计划、有步骤地推进，又可以在此基础上，设计形式新颖独特、内容与主题又能与以往的活动保持有机联系的活动方案，从而保证效果的一致性和连续性。

3.创造性

活动策划有创造性，形式上有创意，使受众每次参加科普活动都会有一定的收获。让受众留下美好的记忆，产生好奇心及探索欲望，是设计每一个科普活动策划方案追求的目标。通过策划，将各个领域有谋略、有创意的人才聚集起来，集思广益，激发创意，通过集体的智慧使科普活动各个环节充满创意。

4.传播效果

通过策划，使科普活动稳步有序地开展，从而使活动内容和特性表现得强烈、鲜明、突出，活动的功能发挥得充分、安全、彻底，形成活动的规模效应和累积效应，确保活动获得最大的社会效益和经济效益、近期效益和远期效益，确保信息传播的最佳效果。

二、科普活动策划

（一）科普活动策划的基本概念

科普活动策划是指根据科普活动的目的需求，调查现状，分析现有信息，确定科普活动的目标和主题，进行策划和创意，编制策划方案。其目的是普及科学技术知识、倡导科学方法、传播科学思想、弘扬科学精神。其中应明晰以下几个构成要素。

1.科普策划者

科普策划者是指科普活动的发起人。策划者的能力、水平、责任心以及奉献精神起着决定性作用。策划是一项既要领会领导层面决策的意向，又需要设计内容的工作，因此，科普策划者需具有一定的素质，概括为三个方面：

（1）根据策划主题，具备能够广泛地获取和科学地处理各方面相关信息的能力。

（2）对科普活动未来的走势具备超前的预测能力和把握能力。

（3）具备科学的决策能力、组织能力、管理能力和协调能力。

2.科普策划对象

科普策划的对象是指科普的受众群体。应当强化对受众群体的分析，把握现实社会需求和科普对象需求，策划设计出令受众群体喜闻乐见的科普活动。

3.科普策划目标

策划的目的是保证科普活动的每个环节按章有序地进行，从而实现科普活动的意义。策划的目标就是策划出具有可行性，操作实施后具有一定社会效益、经济效益及影响力的科普活动。

4.科普策划内容

策划的内容是策划工作确定的主要事件，以策划文书方案的形式表述整个活动的逻辑、构思及达到的目的和效果。

策划的内容由对象、目标、主题、载体、形式、流程和效果七部分组成。科普活动的策划内容则主要依据科普活动的对象和预期目标来设计科普活动的主题、载体、形式和流程。

科普活动策划一般分为初级、中级和高级。

（1）初级：具体操作性层次活动。

（2）中级：科普事务专题活动策划。

（3）高级：总体宏观的战略规划构架。

5.策划结果

科普活动的策划方案是策划者通过充分的实际考察调研、查阅相关信息、协调相关部门沟通交流，在了解策划对象（或事件）现状与需求的基础上，为实现策划目标而构思起草的实施细则和设计方案。

（二）科普活动策划的特点

1.明确的目的性

任何社会活动的开展都具有鲜明的目的性，没有目的性，活动策划就不会呈现有针对性的创意。因此，科普工作者在筹备科普活动之前应根据当前的背景状况确定明确的策划目的，并为实现这个目的而谋划相应的对策，从而有计划、有序地开展科普工作。科普活动策划确定明确的目的，对于防止活动产生负面效果和资源浪费十分必要。

2.普遍的系统性

科普活动策划者应对现实社会的背景状况有充分的了解，收集并梳理信息，进行可行性研究和实地考察调研，系统分析并得出客观的结论。

开展社会考察调研，有助于策划者对实际情况的把握，通过走访、观摩、感受，及时了解现实需求、发展状况，接受教育、转变观念、提高认识、增强信念。只有对现实充分调研，系统地梳理综合信息，才能确定符合实际需求的科普主题，策划出切合实际和社会需求、符合百姓意愿的科普活动，体现科普的价值。

3.高瞻的谋略性

科普活动的策划过程也是凝聚集体智慧的过程，通过对调研样本的分析和剖解，从而确定策划的突破点和重点把握的对象范畴，对一系列活动的细节性问题进行深刻的明确与规划，因此，策划就是一个研究分析的过程，具有很强的谋略性。

策划方案不能脱离实际的活动内容，在调研之后，要针对调研内容进行客观分析。分析调研内容应把握好以下几个原则：

（1）客观性：要尊重客观实际，实事求是。调研的内容要精准，分析过程强调民主，集思广益，最终获取的意见要发扬民主与集中，达成共识。

（2）务实性：一切从实际出发，量力而行，策划出的方案一定要有可操作性。

（3）可靠性：梳理考察调研收集的材料，强调材料的可靠性和真实性。

（4）参考性：实际调研的样本材料与预期的结果相差甚远时，应及时分析原因或调整解决方案，研究寻找具有可行性的途径，将考察调研的样本材料作为参考，扬长避短。

4.实际的可操作性

撰写策划方案的过程，也是对科普选题再审视的过程，因此，要高度重视方案的可操作性。

在制定策划方案时应把握好以下几个环节：

（1）明确指导思想，策划科普活动的目的。

（2）突出策划活动创新点及新颖的创意。

（3）策划方案逻辑清晰、步骤分明。

（4）确定分工，明确责任。

（5）选题内容丰富及形式新颖。

（6）协调安排好实施时间，有序进行。

（7）考虑方案的可行性，充分利用现有资源，策划出精彩的活动。

（三）科普活动策划的原则

科普活动的策划要从客观实际出发，坚持以下几个原则，才能做好后面科普活动的组织实施工作。

1. 社会性原则

策划的科普活动方案选题要符合社会综合因素的基本要求，如国家、地方政策，传统习惯要求，伦理道德要求，社会热点需要等几个方面。

遵守国家或地方政策和法规是每一个公民应尽的义务，也是现代文明社会对每个公民提出的要求。如果忽视了社会性原则，在后续的申报组织开展科普活动就难以通过审批。因此，只有考虑到社会的适应性和目标公众的适应性，尊重公众的传统习俗，才能使科普活动策划方案得到上级主管部门的认可，保证科普活动的顺利举办实施。

2. 科学性原则

科学性原则作为科普活动策划者应当遵循的基本原则，是保证策划质量的前提和基础。举办科普活动，其目的是传播科学精神、科学思想、科学态度、科学技术知识，若是整个策划不科学就违背科学本身的精神。

策划的科学性原则体现在：活动目的逻辑清晰、活动内容客观实际、策划手段的科学性、策划形式的科学性、创意凸显的科学性。

3. 实效性原则

科普活动具有目的性，其目的是通过"科普"形式或手段在一定时间向广大公众传播科学知识，开阔受众的视野和知识面，以提高全民科学素质。在策划方案过程中，在追求内容、形式和创新的同时，科普的"实效性"应成为科普活动的核心。因此，为达到预期的目的和实效性，在策划中要做到目的明确、针对性强、准备充分。

4. 可操作性原则

科普活动是以满足广大民众需求、根据现实社会背景进行的科普传播活动，是理论与实践相结合的活动，因此，在科普活动策划过程中不仅需要考虑活动框架构思，同时要考虑到实际的可操作性，做到理论与实践的高度统一。

在理论策划的同时需考虑到后期实施科普活动过程中的规模、能力和限制，特别是时间管理和经费管理。

（1）时间管理

科普活动时间管理关系到活动最终完成的效果，因此在策划过程中需要考虑到时间的合理安排与配置，应将活动的每一个环节的时间确定清楚。在实际活动中按照策划方案严格控制时间。

（2）经费管理

科普活动的举办离不开经费的支持，因此策划者应根据科普活动主题做好经费的支出管理，应注意以下几点：活动人员数目、活动场地规模与施工设计、所用设备的种类与档次、车辆租赁、宣传产品的选择与实施、资源整合的有效配置等。

三、农村气象科普顶层策划

（一）贯彻落实新时代国家的方针政策

我国是一个农业大国，农业是受气象灾害影响较严重的产业。当前，广大农民群众对于气象科学知识的认知程度还普遍不高，缺乏结合气象信息合理安排农业生产的能力，因此，亟须在农村深入推进气象科普工作，普及农业气象科学知识，指导广大农民利用气象科技增产增收，科学合理地应对气象灾害。依据国家乡村振兴战略的总体要求，《中共中国气象局党组关于贯彻落实乡村振兴战略的意见》提出"建设与农业农村现代化发展、农村综合防灾减灾救灾、农村生态文明、精准扶贫相适应的现代气象为农服务体系，推进气象为农服务更高质量发展，气象趋利与避害的双重作用得到充分发挥，为乡村全面振兴、夺取新时代中国特色社会主义伟大胜利提供坚实气象保障"的总体发展目标。在乡村振兴战略的实施过程中，气象部门的作用体现在提供基础性、支撑性的公共服务，而这其中往往离不开气象科普的先导性作用。

（二）融入国家发展战略

1.气象科普服务农业农村现代化建设

加快农业农村现代化发展的步伐，提升农业信息化水平和科技创新水平，需要发展与之相适应的更高水平的现代气象为农服务能力，加强气象科普服务农业农村现代化建设。现代气象为农服务体系以智慧气象为标志，所谓智慧气象，是指通过云计算、物联网、移动互联、大数据、智能等新技术的深入应用，依托于气象科学技术进步，使气象系统成为一个具备自我感知、判断、分析、选择、行动、创新和自适应能力的系统，让气象业务、服务、管理活动全过程都充满智慧。智慧气象以新技术和新气象科学成果为支撑，具有极高的科技含量。与此同时，发展智慧气象的举措，诸如建设农业气象观测试验站网、农业与生态气象遥感应用体系、智慧农业气象服务平台等，均离不开决策者和公众的支持与配合。这对农村气象科普提出了新的更高要求，气象科普的内容方面需要与时俱进，需要更加密切地与新技术应用和最新农业气象科技成果相联系，气象科普的对象方面则需要与气象为农服务体系建设的范围相匹配，进一步扩大其覆盖面。

2.气象科普提升农村综合防灾减灾救灾能力

近年来，在农村防灾减灾气象科普宣传方面，气象部门已经取得了不错的成绩，如打造了"气象科技下乡""流动气象科普万里行"等品牌活动，深入农村开展气象防灾减灾科普宣传，足迹遍布十余个省，累计受众近十万人。总的来说，农村地区仍然是国家综合防灾减灾的重要领域和薄弱环节，新时期的农村气象科普应当以更加积极的姿态响应乡村振兴战略"加强农村防灾减灾救灾能力建设"的任务要求。《中共中国气象局党组关于贯彻落实乡村振兴战略的意见》中指出，要建立政府推动、部门协作、媒体搭台、社会参与的乡村气象科普工作格局，因此农村气象防灾减灾科普工作必须提高自身视野和站位，在原有品牌的基础上加强部门协同、地方联动和媒体合作，充分调动各方资源不断扩大影响力。另外，在做好品牌活动的同时，为落实坚持常态减灾与非常态救灾相统一的要求，要更加重视常态化科普，推进基层气象科普业务化，使农村气象科普真正服务于国家综合防灾减灾能力提升。

3.气象科普服务农村生态文明建设

党的十九大报告提出，建设生态文明是中华民族永续发展的千年大计，要加快生态文明体制改革，建设美丽中国。气象服务可以为农村生态保护和乡村绿色发展的诸多领域提供支撑和服务保障，例如提升风能、太阳能等清洁气候资源的开发利用能力，开展农村盐碱化、荒漠化等地区的生态系统气象监测与影响评估，发展乡村植被恢复、水库增蓄水和地下水超采治理等生态修复型人工影响天气业务，保障大气环境治理和重污染天气应对，发展乡村气候生态旅游度假品牌等。新时代气象服务农村生态文明建设的内涵在不断丰富和扩展，这就要求气象科普工作也要相应地开拓新视野，打开新思路，找准发力点，在传统的气象防灾减灾和应对气候变化等内容的基础上，延伸到生态环境保护、生态产业发展领域，为农村生态文明建设营造良好的氛围。建设生态宜居的美丽乡村，气象科普大有可为。

4.气象科普助力精准扶贫

党的十九大报告提出，要动员全党全国全社会力量，坚持精准扶贫、精准脱贫。在打赢脱贫攻坚战的过程中，需要全面发挥气象趋利避害的作用，着重提升贫困地区综合气象服务能力。这体现在气象技术、项目、资源、人才逐步向贫困地区倾斜，优先发展贫困地区农业气象服务网络和系列生态气象品牌，优化贫困地区的气象灾害监测、预警能力，提升贫困地区气象灾害防御水平等方方面面。这就要求农村气象科普工作进一步融入气象助力精准扶贫国家战略的大局，加大对贫困地区的关注和相应科普资源的倾斜。此外，针对《乡村振兴战略规划（2018—2022年）》提出的"因地制宜、因户施策，探索多渠道、多样化的精准扶贫精准脱贫路径，提高扶贫措施针对性和有效性"要求，贫困地区的农村气象科普更加需要以当地农民需求为导向，重点关注当地多发、易发的气象灾害，开发有针对性、精细化、个性化的科普内容。

5.气象科普助力乡村文化兴盛

党的十九大报告指出，要推动社会主义精神文明和物质文明协调发展，要推动中华优秀传统文化创造性转化、创新性发展。我国的农耕文化源远流长，而自古以来农耕文化与气象就是密不可分的，两者相结合的代表——"二十四节气"已经被列入联合国教科文组织人类非物质文化遗产代表作名录，此外，还有丰富多彩的气象谚语等。因此，农村气象科普应当成为、也能够成为乡村文化兴盛的重要助力，在乡村文化中注入更多的气象科普元素。新时期的农村气象科普，需要深入挖掘农耕气象文化的内涵，分析其在新的历史条件下的传播需求，并鼓励文化工作者、科普工作者参与农耕气象文化建设，不断推进农耕气象文化的繁荣和创新发展。

（三）"X+农村气象科普活动策划"模式

1.农村社会需求与农村气象科普活动策划

策划作为一门交叉学科有其理论基础，同时又与许多学科有紧密的联系；策划能力与个人本行业的知识面、跨专业认识的深度和广度有关。如今随着时代的进步，现代科学技术在不断发展，人们的生活水平和生活质量的提高对科学技术创新发展提出更高的要求。以满足人民日益增长的美好生活需要为宗旨，各行各业不断创新，智能化、高科技产品推出市场，科学技术已经渗透到各个行业。农村社会对科普的需求日益增长，农村气象科普活动的策划应依据时代背景和农村社会环境现实需求做统筹规划，做好农村科普活动策划。新时代农村科普工作担负着在农村广泛传播习近平新时代中国特色社会主义思想，以及推动乡村振兴发展的伟大使命。以提高广大农民科学文化素质为目标，做好农村气象科普活动的策划，让广大农民积极参与气象科普活动，帮助农民移风易俗、科学生活，应用气象科学技术解决生产中的难题，通过现代气象科技、防灾减灾预警信息等手段获取科学防灾减灾措施信息，指导农村生产经营，传递致富信息和技能，实现农业增产增收、农民致富的目标。

2.公共关系与农村气象科普活动策划

公共关系既是一种传播的社会活动，也具备一种管理职能。其定义是：一个社会组织应用传播手段使本身与相关公众之间形成双向交流，使双方相互了解和相互适应的管理活动。其策划主要包括组织目标、公众心理、信息个性、审美情趣。在农村气象科普活动中，应注意把握以下几点：

（1）农村气象科普活动策划需正确处理公共关系

公关活动可以持续提高品牌的知名度、认知度、美誉度、忠诚度、顾客满意度，提升组织品牌形象。策划大型的农村气象科普活动时，内部工作资源的统筹和协调具有一定的可掌控性，但也会涉及许多其他领域，比如政府、农业、科协、媒体等。迫切需要公共策划的前期理论和后期指导，做好与政府、农业部门、赞助投资方、新闻媒体、农民群体之间的协调与沟通。其公关内容包括树立单位形象、建立信息网络、处理公共关系、消除公众误解、分析预测未来、促进产品销售。

（2）公共关系中的"公众"与农村科普活动策划中的"受众"

公共关系中的"公众"是指特定公共关系的主体相互联系、相互作用的个人、群体或组织的总和，是公共关系传播沟通对象的总称。科普活动策划中的"受众"是科普活动面对的对象，只要是参与活动的人都可以确定为是科普受众。我国的科普活动对象重点人群分四类：未成年人、农民、城镇劳动人口、领导干部和公务员。公共关系中的"公众"是指政府或相关部门，农村气象科普活动公共关系中的"受众"是指乡村农民。

（3）重视与受众双向交流的意义

现代传播的一个重要特点是双向传播，公共关系是一个传播活动，互相交流以提升形象、促进了解、消除误解是其要务。

社会组织传播←——→（反馈）←——→公众

双向传播不仅在公共关系中是重要概念，对策划科普活动而言，积极听取受众的意见，以受众的利益诉求为基准同样是策划成功的必要条件。

（4）公关策划步骤的借鉴意义

公关策划的步骤有"四步工作法"，其四个基本阶段为公关调查分析、公关策划、公关实施、公关评价。这四步相互衔接、循环往复，形成动态的环状模式。

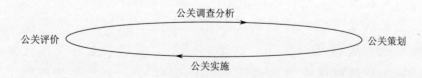

"四步工作法"的应用范围很广，对于农村气象科普活动策划而言是一个逻辑性、目的性、条理性很强的值得借鉴的方法。

3.科普会展策划与农村科普活动策划

科普会展策划是与科普活动策划比较相似的策划分支。科普会展是会议、展览、节事活动等集体性活动的总称，一般指由许多个人聚集在一定的地域空间，非定时的集体性的物质、文化、信息交流活动。其中包括各种类型的会议、展览、展销活动、体育赛事、各类节日庆祝活动等。农村气象科普活动常常采用会展形式作为分会场的内容之一，展示通过气象科技服务所取得的成果。会展策划要充分利用现有的信息和资源，对未来事件的发展趋势有一个预判，全方位构思、设计，选择合理、有效的方案，使之达到预期目的。

科普会展策划系统包括：策划者、策划依据、策划方案和策划效果评估等要素。以会展的形式开展农村气象科普活动，应注意以下几方面。

（1）科普会展策划的实用性

科普会展策划的目的之一就是以展会的形式举办科普活动，展示农业科技应用成效。因此要具备活动策划的一切要素，普遍由名称、内容、时间、地点、组织机构五大要素组成。同时，做好一次科普会展必须注意以下七个方面：

- 进行有针对性的市场调研；
- 会展策划计划周密详细；
- 会展前实施培训；
- 会展材料的设计制作；
- 会展展台布局与展示效果；
- 会展的各项服务计划；
- 会展活动的效果评估。

（2）农村科普活动会展的交流性质与科普活动的传播性质

科普会展策划包括会议策划和展览策划，会议策划是以会议效果切实满足信息能够交换为目的，科普展览策划是以展览能实现产品展示和技术交流为目的。两种展项都能够充分利用现有的条件和资源，用最有效的方式，以最小的成本获得最大的收益为基本原则，达到营销的预期目的。对于科普活动而言，提高活动信息的传播效率才是最重要的。两者目的不同，因此，在思考策划的初期侧重点是不同的。

（3）农村科普活动会展策划的综合性知识体系

科普会展涉及的知识面很广，策划人员要具备很强的众多学科综合性知识。比如经济、旅游、贸易、艺术等行业知识。特别是对现场的预测和掌控，涉及很多技术层面上的问题。科普活动策划人员要具备综合性知识，科普内容要具备科学性，这样才能称为科普活动。科学包含技术上和理论上的专业性，策划人员更需要构建文理相通的知识体系。

（4）信息管理经验的借鉴意义

农村气象科普活动会展策划，通过信息收集、分析处理形成资料信息库，为有潜在交易的供需双方提供了解、洽谈和交易的依据。科普会展信息管理包括会展信息系统的建立、会展信息流量的确定、会展信息处理过程的控制、会展信息形式、会展内容、会展传递方式、会展存档实践的确定等。

信息管理是科普活动的重要内容，贯穿整个活动的始终。科普活动是一个信息传播的活动，从组织者到受众、从活动会场到媒体、从媒体到公众，信息的产生、获得、储备对策划非常重要。

总之，策划学作为一个交叉综合性的学科，除了借鉴一些实用性较强的学科理论外，更需要一些基础学科知识的支撑，比如传播学、心理学、运筹学等。策划人员平时应尽可能补充拓展自己的知识面，了解各个领域科技发展状况，不断学习新知识、新技术，融会贯通，才能撰写出有创新的策划方案。

（四）农村气象科普活动的理论基础和学科支持

1. 农业气象学基础

科普指的是采取受众易于理解、接受、参与的方式，向公众普及科学技术知识、倡导科学方法、传播科学思想、弘扬科学精神的活动。农村气象科普活动的特性首先是其科学性。通过开展科普活动，向受众传授农业气象科学知识，激发受众对农业气象科技的兴趣，必然离不开农业气象学的理论支持。

农业生产对于天气气候条件具有高度的依赖性，因此，作为气象学与农业科学的交叉学科，农业气象学具有极强的应用价值。农业气象学是指研究生产与气象条件的互相关系及规律，并根据农业生产的需要，应用气象科学技术，充分合理地利用农业气候资源，战胜不利的气象条件，促进农业高产、稳产、优质、低耗、高效的一门科学。如何合理地利用农业气候资源创造更多的经济价值，如何根据农业气象灾害的发生发展规律采取适当的防御措施，都是农业气象学研究的重要任务。因此，农业气象学能够从趋利和避害并举的角度，为农村气象科普活动的开展提供丰富的内容支持和科学基础，从而保证科普工作的科学性，使农村气象科普活动更好地达到其目的，服务于农业综合生产和农村综合防灾减灾。

2.传播学、教育学和心理学基础

传播学是研究人类一切传播行为和传播过程发生、发展的规律以及传播与人和社会关系的学问，是研究社会信息系统及其运行规律的科学，也就是研究人类如何运用符号进行社会信息交流的学科。随着信息技术的进步，无论是信息总量还是信息传播手段和传播速度，均已经发生翻天覆地的变化，传统的科普传播方式已经不能很好地满足人们日益增长的需求，因此，亟须从传播学的角度重新思考农村气象科普活动的开展。这些问题包括选择哪些科普知识，通过哪些平台、手段、载体，以及如何将这些知识以受众可接受、可理解的方式传播出去。

新媒体的兴起带来了传播方式的变革，为农村气象科普活动开展带来了新的机遇，也为解决传统农村气象科普活动面临的传播效率困境提供了新的思路。一方面，移动互联技术的普及使得科普活动有了更加丰富的平台，借助微博、微信等新媒体平台，科普内容可以方便快捷地在手机、电脑端传播，实现更广的覆盖范围。另一方面，新技术手段的发展使科普产品的种类和科普活动的方式进一步丰富。例如，在平面科普材料上扫描"二维码"即可轻松获取相关的网络资源，采用增强现实（AR）和虚拟现实（VR）技术研发的产品可为受众提供身临其境的科普体验。此外，传统的农村气象科普活动多以组织方向受众单方面输出知识为主，缺乏受众的反馈和互动，新媒体平台即时互动的优点可以帮助建立有效的反馈机制，及时了解受众的需求和意见。

教育学是通过研究教育现象、教育问题来揭示教育的一般规律的社会科学，而教育在广义上泛指一切有目的地影响人的身心发展的社会实践活动。教育既包括正规教育制度下的学校教育，也包括在生产劳动、日常生活过程中，个体从家庭、邻里、工作娱乐场所、图书馆、大众宣传媒介等方面获取知识、技能、思想、信仰和道德观念的非正规教育。面向大众的科普活动，正是非正规教育的一种。如果能将教育学中的理论应用到科普实践活动中，可以大大提高科普活动的成效。例如，教育学中的构建主义理论认为，知识不是通过教师传授得到，而是学习者在一定情境即社会文化背景下，借助其他人的帮助，利用必要的学习资料，通过意义构建的方式获得。该理论强调以学生为中心，不仅要求学生由外部刺激的被动接受者和知识的灌输对象转变为信息加工的主体、知识意义的主动建构者，而且要求教师要由知识的传授者、灌输者转变为学生主动建构意义的帮助者、促进者。受此启发，在农村科普活动实践中，可以更多地采取令受众亲历科学的方式，并加入更多的互动环节，将微视频、AR、VR等技术更多地应用于科普产品研发中，以达到更好的科普教育效果。

心理学是研究人类心理现象及其影响下的精神功能和行为活动的科学。由于在科普活动中科普工作者与受众之间的教学关系是非强制性的，如何能在科普活动过程中吸引受众的兴趣就十分关键。因此，在开展科普活动时坚持以人为本的原则，从心理学角度去积极了解不同对象的心理特点和需求，因材施教，往往才能达到更好的知识传播效果。前人通过经验积累与探索提出了科普工作中应用心理学原理的"四步法"：

第一步：信息接收途径的观察法。可以对普及对象进行初步的分析（性情、爱好、学习能力和学习动机等方面）。

第二步：语言技巧里的"吸引力法则"。要吸引对象，并进行更深入的沟通与了解（建立良好的人际关系）。

第三步：心理暗示法。让普及对象既能很愉快又不自知地进入创建教学情境中来（建立学生对老师的信任关系）。

第四步：因材施教法。实施知识点的普及教学（根据对象来确定方案与程度）。

3.其他相关学科支持

科普活动作为一种综合性的实践活动，除了上述几种学科外，在其策划、组织和实施的各个环节中，往往还需要从其他一些学科中汲取理论知识和经验。例如，在协调处理各个合作单位之间、活动组织者与公众之间的关系时，可以借鉴公共关系学的理论成果；在科普活动宣传、科普品牌创建、科普展览举办等实践中，可以参考广告学和会展策划学的相关技巧，以获得更好的成效。

四、农村气象科普活动的传播

（一）发挥信息技术对农村气象科普活动传播的促进作用

改革开放以来，国富民安，农村居民生活水平、文化水平、掌握现代信息技术的能力不断提升，农民生产、生活都进入信息时代，如何利用信息技术手段做好农村气象科普信息传播呢？我们先从需求聊起。

1. 新媒体时代农村气象科普需求

当今时代新媒体迅猛发展，科普传播的方式和途径日益多元化，人们也感受到了新媒体在科普传播中的巨大作用。近十年，在推动气象科普工作的常态化、业务化、社会化、品牌化的过程中，气象部门也在不断尝试着将新媒体技术应用于科普推广之中。

农村气象科普工作应与时俱进，一方面要发挥传统媒体的优势，另一方面要加强对新媒体、新技术的规律性研究，搭建起气象服务灾害预警信息传播、气象知识普及传播平台。

（1）掌握传播特点，打造专业化农村气象科普平台

随着社会发展，新技术、新知识不断涌现，农民对科学知识的需求愈发强烈并呈现多元化趋势。以数字信息技术为基础，以互动传播为特点的新媒体，为农民教育培训提供了崭新的契机与便捷的途径，必将成为未来农村气象科普的重要手段。

创新农村新媒体气象科普的方式与途径。在科普内容、科普时机、科普方式上要符合新媒体时代信息传播的特点，打造更具有专业性的气象科普平台。通过互联网、数字电视、网络电视台、手机科技报、数字期刊、微博、微信等新型传播手段，并结合手机短信、星火"12396"呼叫热线、互动式知识问答分享平台等，引导农民充分享用气象科技信息服务。

推进农村数字化气象科普资源建设。要加强农村气象科普资源的开发，重点进行新媒体气象科普资源库建设，开发符合新媒体特点与规律的原创性科普资源，加大农村公共气象科普资源的供给。开展农村新媒体气象科技传播平台建设，以技术较为成熟的互联网、移动通信网络为主要平台，创作文字类、音像类、展品类、活动类等科普资源，为农村新媒体气象科普平台提供传播内容。协调科教单位、各专业学会、媒体、文化创意机构等开展协同创新和集成创新，为农村新媒体气象科普提供技术支撑。加强农村新媒体气象科普人才队伍建设，要注意招揽气象科普创作

人才，加强气象科普人才队伍建设，大力推出制作原创气象科普作品。鼓励气象科普创作人员及团队开展创作，加强现有气象科普人员应用新媒体技术、知识和方法的系统培训，加快农村新媒体气象科普创作步伐。

加大农村气象科普基础设施建设。在硬件设备和基础设施有限的农村，可通过手机短信、信息服务大厅等简化终端的方式，或者通过设立集中电脑室的方式进行。

当前，我国新媒体发展速度迅猛，进一步呈现移动化、融合化和社会化加速的态势，为农民科学文化素质提升、新型职业农民培育这一系统工程提供了新的契机与途径。我们要进一步思考农村气象科普传播途径如何与时俱进，载体更加及时有效，方法内容更加丰富多元，同时又能为农民群众所掌握和接受，真正起到促进农民科学文化素质提升的效果。

（2）统筹资源，推动农村科普形式多样化

随着信息化技术的发展，气象科普产品的表现形态更加丰富多彩，从表现形式来看，除了传统出版的文字形态外，更多的是把文字、图像、音频、视频、检索、关联等进行整合，形成图书、影像、游戏、片段、H5、AR、VR、视频等多种形式融合的科普产品。要充分利用报纸、期刊、广播、电视、网络各种媒体，开展形式多样的气象科普宣传教育，极大地丰富科普作品形式。

2.充分发挥信息新技术、新媒体的作用

农村信息化就是将现代信息技术应用于发展现代农业生产、经营和管理，在推动乡村经济发展中正发挥着越来越大的作用。政府相关部门、各类 IT 企业、各电信运营商、各产业化龙头企业、农业合作社都在积极利用信息技术开展农村科普和农业技术推广，助力乡村振兴。

（1）信息技术普及对农村气象科普的支撑

信息技术在当今世界农业中已经普及，农民靠信息引导进入市场、组织生产，政府靠信息进行宏观调控、制定政策，信息技术的发展已成为实现农业现代化的必要条件。2018年，《中国气象局党组关于贯彻落实乡村振兴战略的意见》提出，到2022年，将初步建成现代气象为农服务体系，基本建成特色农业气象服务中心，直通式服务覆盖80%的新型农业经营主体，农村气象灾害预警信息第一道防线作用充分发挥、"最后一公里"问题得到有效解决，预警信息公众覆盖率达95%以上；到2035年，现代气象为农服务体系更加完善，气象保障农业农村现代化建设、农村综合防灾减灾救灾、农村生态文明建设和持续减贫的能力以及相适应的基础观测能力达到世界先进水平；到2050年，现代气象为农服务综合能力与乡村全面振兴的要求相适应，能够为农业强、农村美、农民富裕提供全方位气象服务保障。

总之，一个目标，就是建成现代气象为农服务体系，气象科普在助推为农服务发展过程中要发挥基础性、先导性作用，信息技术要在农村气象科普、气象为农服务中发挥支撑作用。

(2) 互联网气象科普

进入互联网时代，电子信息技术及产业的飞速进步，成为推动农业农村信息化发展的源泉和动力。互联网气象科普是将数字化的科普资源通过互联网进行传播的一种新型的科普方式。即内容是数字化的表达形式，其作用是普及科学技术，途径是通过互联网。随着时代的发展，气象科普逐渐由传统科普手段转型为互联网科普模式，互联网已逐渐成为气象科普传播信息的重要阵地。信息化的传播有利于农民及时掌握先进技术和文化，提高整体素质。步入信息化时代，移动互联网已成为推进农村气象科普工作、组织科普活动不可缺少的重要平台与窗口。

互联网农村气象科普的特色永远是动态的、创新的。新兴的互联网农村气象科普与传统的气象科普之间有着根本区别。传统的农村气象科普图书、宣传广告、报纸、影像等靠发行模式，受制于出版周期的限制，在传播力度、动态更新信息等方面有许多不便之处。而互联网技术可以实现对已有内容的更新、补充和不断完善。

在流动科普场馆或科技下乡活动中，应用互联网多媒体技术开展农村气象科普，受到农民广泛欢迎。VR、AR、音频、视频、动画等多种传播手段的应用，有助于激发农民受众的兴趣，加深受众对于气象科普内容的理解，生动、形象、直观地把气象科学技术、气象知识、气象防灾减灾要点传播给受众。

互联网气象科普过程中，科普工作者还可以随时与网民进行交流和沟通，实现互动，这是传统媒体不具备的独特优势。

（二）加强农村气象科普传播过程中的双向互动

中国历经 40 多年的改革开放，科学技术水平不断提升，社会结构已经发生重大改变，科普工作正向市场化、专业化方向发展，平等、双向、互动、多元已成为气象科普传播的主要观念。农村气象科普对内涵的延伸体现在科普活动策划理念、组织方式的转变，气象科普形式已由科学知识的单项传播，发展演变为公众、科学家、传媒多主体的平等、双向互动，演变为更注重以大众需求者为中心的科学教育。

（三）加大农村科普活动传播力度

实施乡村振兴战略，是党的十九大作出的重大决策部署，是决胜全面建成小康社会、全面建设社会主义现代化国家的重大历史任务，是新时代"三农"工作的总抓手。农村科普工作是农业和农村工作的一个重要部分，抓好农村气象科普工作，组织实施《全民科学素质行动计划纲要（2006—2010—2020 年）》，深入推进农民科学素质行动，广泛动员和组织广大科技工作者大力开展农村科普宣传，对于提高农民科学文化素养，推进气象科技成果应用转化，促进农村经济发展、农业技术进步，助力乡村振兴发挥了十分重要的作用。

我国已进入媒体多元化发展的大众传播时代，传统媒体与新媒体日益融合互通，新型信息传播手段不断涌现。气候变化、气象灾害引发公众关注的焦点问题、认知问题越来越多。在传播形态日益体现出交互性、即时性、移动性、海量性、共享性、个性化的背景下，预报预警信息的发布与传播面临传统传播方式单一、产品覆盖面狭窄等困境，以传单散发、展板展示、讲座宣教为主的传统气象科普已经随历史和时间的推移而逐渐被淘汰，充分发挥新媒体优势，加大农村科普活动媒体传播力度是我们需要思考和解决的问题。

第二节　农村气象科普活动策划流程

农村气象科普活动策划具有常规的程序，从材料收集、活动内容构思到策划方案完成，是一个组织实施的过程。为保证科普活动有条不紊地顺利进行，应提前去农村、乡镇进行实地考察，将策划活动的每一个环节、有可能出现的问题考察清楚，并进行详细探讨。

一、综合分析

事先须请示上级主管领导，汇报开展农村气象科普活动的详细内容，并就科普活动相关事宜达成初步意见的统一，在起草撰写科普活动的可行性方案时，召集相关部门对科普活动各项事宜进行整体、系统、全面、综合的分析，具体按以下几个步骤进行。

（一）团队组建

按照农村气象科普活动实际需求，组建高效精干、有工作经验、知识面广、见识多的老中青策划团队是进行策划工作必不可少的一步。团队精神能够深刻地影响组织凝聚力、向心力、工作效率和发展状态。一般而言，科普活动的团队有着特殊性，是临时组成，只有通过协调合作、各尽其责、互补搭配，才能高效地完成任务。

(二) 前期调研

科普活动策划期的调研工作非常重要，是科普策划针对公众的社会需求、取得客观信息、了解真实情况、确定策划目标的前提，是为成功策划获得第一手资料信息的过程，要从调研内容和调研方式两方面着手。

(三) 调研资料的综合分析

在保证科普策划调研资料完整性和准确性的基础上，对其进行归纳整理、统计和全方位的分析，运用科学的方法，对调查资料进行核实、分类、汇总、编辑，使资料更加系统化、条理化，以便后续策划工作使用更加方便。

二、统筹安排做好计划

开展科普活动第一个思维概念，就是将要开展的科普活动作为一个科普项目抓紧确定下来。

(一) 立项

立项须起草项目申请书，主要内容包括：项目名称、项目负责人、项目起止时间、项目背景及可行性分析、项目拟解决的关键问题，项目可能产生的经济效益、社会效益及其影响等。经有关主管部门批准，经费下达之后项目得以正式启动。

科普活动立项选题的指导思想与原则，应该符合时代要求、贴近科学技术发展的现实、贴近社会的热点和焦点问题。突出主题、内容丰富、形式创新，贴近社会、贴近居民、贴近生活，受众人参与广，宣传效果与社会影响力大。总之，立项的目的及意义、项目申请书的撰写，必须具备真实性和实践操作意义。

（二）制定科普活动策划方案书

策划方案书是保障科普活动有效开展的指南，是科普活动的"灵魂性"纲领，决定着科普活动是否能够顺利按部就班地推进与开展。活动方案的确定是整个策划过程最终实现的目的，按照一定的格式写成有创意内容的文档材料就是活动策划方案书。在构思起草活动方案的过程中，应注意明确活动目的、意义，清晰描述具体的操作流程，资源的整合，以及人员、单位的互相协调，把思维构想变成可操作性的文本。在编写策划方案书的过程中应注意考虑以下几方面内容：

1.分析背景和阐述目的

起草科普活动策划方案书，分析背景和阐述目的是不可缺少的重要内容之一。背景信息资料的收集梳理应考虑当前开展科普活动的形势、社会需求、受众结构、存在的问题和过去类似活动的经验等几个方面。通过对背景信息资料进行分析，明确开展活动能够解决什么问题、发挥什么作用，同时提出策划活动的可能性与必要性。

阐述科普活动目的、意义及其经济、社会效益，是为了在今后工作中，统一认识，更具有方向性。以下几点可供策划者参考。

- 当地公众教育程度以及对科学技术的主要需求是什么？
- 当地公众对科普活动认知或形式喜好兴趣是什么？
- 近期科学技术方面的热点是什么？
- 策划方案的创新点是什么？
- 实现活动目标的难度和存在的问题有哪些？
- 活动预期达到的效果是什么？
- 对当地经济、社会、学术产生的影响怎样？
- 预期活动的开展受众百分率是多少？

　　• 对目标的评估方法是否具有科学性和可信度？

　　2.确定活动主题和拟写宣传标语

　　科普活动的主题与宣传标语是策划科普活动的核心。鲜明的主题可提纲挈领地概括出活动的主导思想，提高整个活动的层次和格局，并对未来参与的公众产生较强的号召力。

　　在策划科普活动时应充分考虑使用何种手段与方式突出活动的主题，营造气氛，充分考虑制作与活动主题和宣传标语相配套的音乐、背景图案、条幅、宣传画、宣传片、网站、手机 APP，以此作为活动主题和宣传标语的载体。在色彩和造型上要特色鲜明，创意独特，并具有较强的视觉冲击力和亲和力，以吸引社会关注，加深公众印象，扩大宣传效果。拟写科普活动宣传标语应注意遵循以下几点：

　　（1）切中主题，提升形象

　　科普活动的主题是整个活动的灵魂，包括思想教育、科普教育，以及技能、技巧教育。宣传标语是主题思想的浓缩，是科普活动画龙点睛之笔。因此，宣传标语应与主题息息相关，能够精炼、准确地表达主题。

　　（2）言简意赅，易于传播

　　用农民群众听得懂的、平实简易的大众语言，且朗朗上口，方便传播。

　　（3）个性鲜明，富有特色

　　科普活动类别很多，不同的科普活动其背景、内容、定位、受众群体均有所不同，因此要量身定做不同风格的宣传标语。

　　（4）创意语言之美，营造美好意境

　　利用语言之美营造出一个美好的境界，聚焦大众目光，促使广大农民朋友带着美好心愿积极参与到科普活动中来。

　　（5）避免歧义

　　宣传标语应简洁，且朗朗上口，传播过程中公众易接受且能牢记。如果宣传标语存在歧义，导致受众产生认知偏差，就会降低科普活动的严肃性和正规性，产生负面影响。

3.确定活动时间

科普活动的可持续时间分为短期和长期两种。短期活动是根据当前社会形势和特定时间段的社会需求进行的一次特定的活动，持续时间不长。长期科普活动是可持续长期进行的、逐步形成一定品牌效应、受众满意度很高的科普活动。例如气象部门每年举行的"3·23"世界气象日、科技活动周、防灾减灾日、气象科技下乡、流动科普万里行、气象夏令营等，这些科普活动具有周期性和规律性，在群众中具有较强的影响力，深受人们欢迎。

4.选择活动地点

要依据科普策划方案的目标、内容、活动性质、经费的预算支出能力、受众人流量以及效果来确定科普活动场地的选择。

5.确定目标公众

对受众人群进行分析是举办科普活动不可缺少的必要环节，有重点地选择一类公众作为科普对象，这些公众就是目标公众。一种方式是根据既定的科普活动主题来确定一部分人为目标公众；另一种方式是根据选择的科普对象，策划针对这一对象的主题科普活动。不管是哪种方式，确定目标公众是第一位的。科普活动策划中对于目标公众的确定，需要注意以下几个问题：

• 确定目标公众人群有哪些特质，参加科普活动的人群数量或实际参加人数；

• 确定以何种方式邀请到目标公众，确保参加活动人数的稳定性；

• 通过宣传或其他方式能否调动目标公众积极参与活动；

• 目标公众对实现活动最终的目的与效果存在哪些难度；

• 目标公众在科普活动开展过程中，有可能遇到哪些问题。

目标公众确定以后，应对目标公众的人群结构与背景进行认真分析和深入挖掘。通过全面、科学、双向沟通地对目标公众进行分析，能够加强传受双方的沟通与交流，使得组织者与受众人群知己知彼，保障活动的顺利开展和信息及时反馈的实现。

通过分析，策划者能得到的一些数据信息和结论：参加活动的目标对象；实际参加活动的公众类型；主动参与活动对象的目标人数；参与本次活动正面影响的目标人数；未来参加活动的目标人数。

6. 划分活动的总目标与分级目标

通常策划一个大型活动，会将一个总体目标划分为几个相关的分级目标，这样可以更好地把握与实施后续工作，便于岗位责任制管理，对参与活动的工作人员进行系统、科学的目标管理，确保活动的各项工作得到有效控制和协调，并且有助于确定各级考核标准，为活动效果评估提供依据。总目标与分级目标的制定应该遵循系统性原则，一个主导目标和若干分级目标构成目标系统。

7. 明确活动的主要内容

明确的科普活动内容是保障科普活动顺利开展的关键。科普活动主题鲜明，选择适当的内容非常重要，关系到科普主题活动的实施和教育目的的完成。科普活动内容的选择应根据时代和科技发展趋势，在吻合当地实际、保留传统教育内容的基础上增加与时俱进的创新内容。

8. 分解科普活动子项目

为了使科普活动具体可行、顺利开展，通常把活动分解为若干个子项目。在策划方案中提纲、目录明细要表述清楚，明确活动由哪些子项目组成，每个子项目的工作负责人、协调人、内容、完成时间、采取的形式与方法等，以确保各个环节有序、协调进行。

9. 明确实施方式与方法

科普活动的过程应按内容顺序来设计，由于各个科普活动的内容与组织形式不同，具体拟写实施计划的要求也不同。因此，在拟写活动方案书时应清晰地将完成每项具体活动内容的步骤表述清楚，且必须具有很强的操作性。要列出各项活动的具体实施细节，以便按照既定计划有序实施。

10. 制定宣传策划方案

科普活动需要采取各种方式发动或呼吁社会公众积极参与，因此必须高度重视宣传工作，在整个方案设计和实施过程中宣传策划也是需要特别重视的环节。宣传工作应辅助科普活动达到预期的社会影响力和社会效益。通常采取的宣传方式包括内部宣传和外部宣传两种：内部宣传主要是张贴海报、网站、手机 APP、条幅、展板等；外部宣传主要是邀请各新闻媒体（电视台、广播、报纸刊物）进行宣传。新闻媒体在现代社会有着强大的影响力，要利用各种媒体调动公众对科普活动的关注度，为活动开展打造声势，吸引更多的公众积极参与到活动中来。因此，在活动策划时必须制定合理的宣传策划方案，要对媒体的选择，宣传的内容、形式、时机、顺序、进度、预算等制定周密的计划。

11. 建立组织工作机构

组织机构的建立是科普活动顺利开展的有效保障，应根据活动的规模和性质建立相应的临时组织机构，以全面负责科普活动的筹备和实施工作。要注意处理好主办单位、承办单位、协办单位、赞助单位、冠名单位之间的关系。

- 主办单位：指项目活动、事件的发起单位；
- 承办单位：指项目活动、事件的具体实施单位；
- 协助单位：指项目活动、事件的实施过程中提供协助或赞助（资金、场地）的单位；
- 赞助单位：指出资赞助活动，一般不需要特别参与活动相关工作的单位；
- 冠名单位：指项目活动最大的赞助方。

12. 做好财务管理

科普活动作为一项公益活动，经费来源是一个重要问题，目前我国科普工作主要经济来源靠政府拨款，私人和社会捐赠所占比例甚小。科普工作要结合需求，策划好主题，紧紧围绕贯彻落实习近平总书记"科技创新、科学普及是实现创新发展的两翼"的重要论述精神，与时俱进，才会得到政府的支持，把科普公益项目做好。同时，可考虑与商家合作，拉赞助筹集科普活动资金，在商业利益和公益事业之间寻求一个平衡点。

13. 进行活动评估与效果预测

科普活动的效果评估旨在为今后科普活动的顺利有效开展提供参考依据。科普活动结束后，要及时进行工作总结，对公众的反应及活动效果进行信息收集、整理和分析，对科普活动完成后的各项目标进行自评，对科普活动产生的实际效果和影响开展调研，通过召开专题讨论会和座谈会，邀请相关专家、公众、新闻媒体和有关领导对活动的总体效果、实际意义和经验教训进行交流总结，以全面掌握各方面的意见和反馈的信息，形成评估报告。效果预测主要是评估科普活动所设定的目标与实际结果是否相符，存在偏差的原因是什么，需要改进、调整的地方（策划、实施过程）有哪些。

三、方案书优化——每一个细节都很重要

科普活动的总体构思策划方案书完成以后，还要明确基本思路、工作细节、时间细化、工作人员、租赁场地、租赁车辆、各种设备设施调配、各种宣传产品的发放、经费的合理支出等，提前策划具体实施操作的每一个细节，以保证策划方案书的构思创意能够顺利实现。具体应做好以下四个方面：

（一）方案书形成

在方案撰写过程中，要提前与主管领导沟通达成初步共识，

并召集相关人员进行集体讨论，对复杂的情况和不同的意见加以认真分析，将碎片化的内容最终形成系统、严谨、合理、具有科学性和可行性的活动方案，并制定突发事件和异常情况应急方案。整体和细节都设计完备的策划过程完成，方案书也就形成了。

（二）可行性分析

对拟写好的方案书要进行全方位的研讨、论证和可行性分析。充分考虑应急能力的适应性，综合考虑现实天气状况、安全保障、突发事件，以及社会环境和目标公众的适应性、科普组织财力的适应性、效益的可行性等，并据此撰写可行性报告。

（三）方案书优化

方案书的确定需要经过深思熟虑，依据调研结果，对已起草的初步方案进行科学论证，要对其经济、技术上的可行性，以及现实实施过程中的可操作性等多方面因素，进行定性分析或定量分析，全面剖析、权衡各种备选方案的利弊，周密思考择优淘劣，不断修改完善充实内容，对方案书进行选择和优化。方案书的优化是不断完善的过程，在审视过程中要特别注意不同方案的比较和分析；主要是经费预算、人员确定、创新点、时间安排、活动衔接、可操作性等，最终选择最合理、经济高效、满意度较高的方案书。

下面介绍方案书优化的几种方法：

（1）综合分析法。一般是由决策人员综合考虑各方面因素，选出一个最佳优化方案书。

（2）重点法。重点抓薄弱环节，使方案书整体得到优化。

（3）轮变法。对方案书进行优化过程中，在考虑所有影响因素下，固定其他因素，只确定一个变数并考察这一要素的增减对方案书合理值的影响。

（4）反向增益法。与轮变法的区别在于，反向增益法研究的

是一个要素的微小变化对其他要素变动的影响程度。

（5）优点综合法。整合资源，将各方案可借鉴的优点部分综合在确定的方案中，使其更加完善，达到优化方案书的目的。

（四）防范风险

方案完善以后，提交主管部门领导及相应专家对科普活动方案进行审查，分析策划依据的充分性、活动主题的正确性，承办、协办及相关机构的确定、活动目标及目标公众确定的科学性，活动形式的适合性，活动实施计划的可行性，以及活动时间进度和经费预算的合理性等；对科普活动实施过程中有可能出现的问题，以及造成的不良后果，要有应急预案及对策。

四、方案书的申报与审定工作

（一）科普活动方案书的申报

通过前期对科普活动相关工作的准备，完成整个策划方案书流程后，起草正式书面的策划方案报告书。报告书包括综合情况的分析介绍、科普活动策划方案书和方案书的论证报告几部分。科普活动举办之前要向主管领导汇报沟通相关事宜，领导审核同意或批准策划方案书后，才能进行下一步筹备工作。

在举办大型科普活动时，一般需要经过地方政府相关部门批准。申报程序应参照当地政府相关部门的有关规定执行。

（二）策划方案的内容和结构的审定

1.策划方案书的基本内容

- 目的是什么
- 依据是什么
- 为谁策划，谁来策划
- 策划科普的场所
- 什么时候进行策划以及策划实施的日程安排

- 策划采用的方法是什么
- 策划的步骤和表现形式
- 策划设计的预算情况

2.策划方案的基本结构

（1）策划方案书封面

- 策划书名称：突出主题
- 策划者名字：策划组名称及其成员
- 策划书撰写日期
- 策划书编号

（2）策划方案正文

- 摘要：策划的目的及简要内容
- 目录
- 前言（策划经过的说明）
- 策划方案内容的详细说明
- 策划方案的实施步骤、各项工作具体分工（时间、人员、费用、操作等）
- 策划方案的期盼效果与预测效果
- 策划方案中的重要环节，策划方案书在实施中的注意事项

（3）策划方案附录

参考文献与案例、应急方案或其他与策划内容相关的资料。

第三节　农村气象科普活动策划创意

　　策划创意的新颖程度会直接影响科普活动的预期效果。所以，在策划科普活动的各个环节的过程中，创意是非常重要的。那么，先来了解一下创意的概念、特征、思维和方法等基础知识吧。

一、创意的概念

创意是一个抽象的概念，那么应该如何解释创意呢？创意就是具有新颖性和创造性的想法。大千世界每个人的成长背景、阅历、经验不同，在创意上有很大的差异性，产生的效果自然也截然不同。因此，创意的概念涵盖下面一些要素。

知识：每个人所积累的知识体系、视野面、想象力与其成长背景、人生阅历均非常重要，知识的积淀是创意的基础。

目标/主题：科普活动的目标或主题对创意来说十分重要。只有确定目标和主题，策划者才能用更清晰的思维去构建科普活动的整体创意。

构思/概念：依据目标和主题，把前期收集的相关信息和观念、看法组成一个构思或概念，并在此基础上用创意的技术和新思维、新理念将其改造得更理想、更有新意。

实行：目标/主题确定后，将所策划的创意构思和概念整理成文档形式。

反思：对自己的创意反复阅读、思考，从中找出问题或缺点，再反复修改，使创意成果更加完善。

二、创意的基本特征

创意常常得益于突发的思维灵感，它是灵感诱发形成的观念形态的想法和念头。因此，创意的主要特征是突发性、形象性、自由性和不成熟性。

(一) 突发性

突发性是指创意是一种突变的思维飞跃，灵感迅速升华为理性认识。

（二）形象性

形象性是指将创意的成果表现出来，使创意更形象和明晰，让其他人能明白创意设计人员的意图。现有的表现手法有平面、三维、音效、文字、视频、实物样品等。

（三）自由性

创意思维的目标是明确的，但思维方向是多路的、灵活的、全方位的，具有充分的自由性。

（四）不成熟性

创意形成以后，还需要一个对创意进行鉴定和否定的过程，即选精去粗、去伪存真、由表及里的逻辑性再思维过程，经过明晰化和再生、组合之后，便可转化为创新的设计方案。

三、激发策划灵感的创意方法

创意不能用固定的法则和定义来表述，新颖的、有创意的产品不断涌现才能推动各行各业创新发展。在策划农村气象科普活动时，气象科普工作者应学习和掌握一些创意的方法和技巧。

下面推荐三种适用于激发策划灵感的创意方法。

（一）思维导图法

在现实生活中，一般具有极强的视觉观察力、有一定思想深度、延伸度的项目（海报、平面广告），可采用思维导图法。这种方法是一种将放射性的思考具体化的创意模式，被认为是最自然的一种创意工具。思维导图往往通过带顺序标号的树状结构来呈现一个思维过程，将放射性的思考具体化，梳理科普活动整个过程所发生的事件，主要是借助可视化手段促进灵感的产生和创造性思维形成。

思维导图的作用：

- 记录笔记：课堂听讲、讲座报告、会议记录、读书笔记等；
- 知识归纳：章节复习、重点难点等；
- 设计思考：感兴趣的问题、辩论交流、创意思考、头脑风暴等；
- 辅助写作：写作提纲、随时增补、演讲要点等；
- 活动计划：作息安排、工作计划、活动程序等；
- 其他作用。

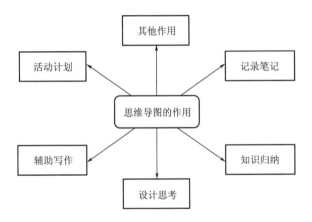

观察图的结构可以发现，思维导图一目了然、逻辑清晰，从中可以理解成横向情景映射创意法的集成应用，自初始阶段就展开扩展，先延展、再关联。

（二）头脑风暴法

头脑风暴法较适用于对整体创意有较高要求的项目，是可行性很高的创意方法之一。头脑创意风暴（Brainstorming）的发明者是现代创造学的创始人——美国学者阿历克斯·奥斯本。头脑风暴的特点是让与会者敞开思想，使各种设想在相互碰撞中激起脑海中创造性的风暴。一般分为直接头脑风暴法和质疑头脑风暴法：直接头脑风暴法是在专家群体决策基础上尽可能激发创造性，产生尽可能多的设想的方法；质疑头脑风暴法则是对直接头脑风暴法提出的设想和方案逐一质疑，发现其现实可行性的方法。因此，头脑风暴法是一种集体开发创造性思维的方法。

1. 头脑风暴法的基本步骤

头脑风暴法能否真正实现，关键点在于通过一定的讨论步骤与规则来保证创造性讨论的有效性。

头脑风暴法的三个阶段，讨论步骤构成了头脑风暴法的关键因素。从逻辑程序上来说，组织头脑风暴法的方法关键要注重以下几个环节：

（1）确定议题

在撰写策划方案书创意过程中，一个好的头脑风暴法往往从对问题的准确阐释开始。因此，召开会议前要有心理准备，应确定一个目标，使参会者明白会议需要解决的问题是什么，并要对研究讨论方案的范围进行限制。

（2）会前准备

召开会议之前要做大量的准备工作，将收集到的材料以文档形式提供给参会者参考，使得参会人员了解与议题有关的背景和社会环境需求，提高头脑风暴畅谈会的效率。

（3）确定人选

确定参会人选、人数要适中，一般8～12人为宜。有目的地挑选有一定决策权、站位高、对该项目了解、有自己独特创造性见解的参会人员。

（4）明确分工

筹备会议时确定主持人、记录员（秘书）。主持人的作用是在头脑风暴畅谈会开始时重申讨论会的议题与纪律，在会议讨论过程中启发引导参会者，并掌控议程时间及进程。记录员应对与会者所有的设想及时编号，简单记录，以便后续参考。

（5）规定纪律

根据头脑风暴法的原则，可规定几条纪律，要求参会者遵守。

（6）掌握时间

会议时间由主持人掌控，阐述的观点应简单明了，语言精练，不宜过于强调细节。会议时间最好安排在 30～45 分钟，避免产生疲劳感。

（7）头脑风暴之后

- 将问题合并同类项；
- 对问题的轻重进行排序；
- 编辑组合问题；
- 评论问题，认证问题的可行性。

2.头脑风暴法实施关键点

进行一次成功的头脑风暴除在步骤上有上述要求以外，更关键的是研讨方式和心态上的转变，概括地讲，即务实、并非评价性的、无偏见性的交流；具体地讲，囊括自由畅谈、延迟评判、禁止批评、追求数量等几方面。

（三）借鉴创意法

借鉴创意法是指从自己所收集掌握的已知材料入手。把日常工作、生活中见识到的成功案例应用于所执行的工作项目之中，借鉴其成功之处，拓宽创意思路，就项目内容进行策划编辑，从而实现优质的创意设计。平时多关注生活环境和创意作品，会无形中丰富个人的创意阅历，为借鉴创意提供素材储备。借鉴创意法的特点比较适合短平快，但又对细节有要求的项目。

（四）情景映射创意法

情景映射创意法要求对一个想法进行纵向深入发掘，忌横向发散。把所要表达的概念化的、抽象化的东西（文案、主题等）丰富化、立体化。在现实生活中，每个人都拥有不同的阅历、性格、思维、世界观，判断力、想象力也都有所不同，因此，当人们面对同样一个事件时，会做出不同的情感反应。同理，在日常创作过程中，也会有不同视觉风格、不同创意想法的出现。情景映射创意法适用于短平快、对情感有一定诉求的项目。

（五）强制联想法

强制联想法就是强迫策划者联想一些无法联想到的事物，让思维产生创新飞跃，跟踪逻辑思维的屏障而产生更多的新颖、新奇且超越的设想，使得有价值的创造性的设想在其中孕育。以丰富的联想为主导的创意方法的特点是创造一切条件和环境，打开想象大门，提倡海阔天空，抛弃陈规戒律；由此及彼传导，发散无穷空间。其方法有以下几个：

（1）查产品样本法。通常情况下将两个以上彼此无关的产品或想法强制联想在一起，从而产生独创性设想的方法。

（2）列表法。将事先考虑到的所有事物或设想依次列举出来，然后任意选择两个加以组合，从中获得独创性的设想。

（3）焦点法。以一个事件为出发点，浮想其他事物并与之组合，形成新的创意。

（4）设问法。设问法是指把有关问题以提问方式列举制作成一个表格，其后将某一事物或特定对象代入，与表中的各项加以核对，以启发创造性设想，或找出发明创造主题的创造技法。然而，提出问题、选择目标是创意、创造活动的首要环节，决定创意的主要定位，影响到创意设计的成败。

一般从六个方面提出设问：

• 创新需求是什么？

• 创意的对象是什么？

- 切入点是什么？

- 由谁主持或完成？

- 实施的计划是什么？

- 实现目标的水平或标准是什么？

四、如何提升和培养创意能力

作为一名科普活动策划者，提升和培养自身的创意能力非常重要，关系到科普活动举办的效果。创意能力是指通过和运用创意思维获得创意的能力，是人的一种实践能力。从能力的内涵分析，可从六个方面入手提升和培养创意能力。

(一) 阅读是创意的源泉

多读。创意来自于大脑的思考，思考离不开平时阅读的积淀。广泛系统的阅读能增加个人的创意底蕴，增强认识问题、剖析问题的能力，从而获得灵感和创意。

多听。创意来自于生活实践的各个角落，多听也是积淀创意思维、萌生新思维的一种方式。经常参加各种讲座、论坛、演讲大赛等，可以积累知识、开阔眼界、拓展思维。

多看。观察生活、关注细节，视角眼界有多广，创意就有多深。

多谈。善于实地考察调查研究，善于交谈的策划者能够更多地了解公众需求，与人交流，共同思考，可激发出创意。

多想。平时养成良好的思考习惯，多思考、多琢磨、多酝酿才能将五彩缤纷的想法厘清，使之可行。

多写。好记性不如烂笔头，把平时看到、听到或突然产生的想法随时记录下来，突然的灵感才能转化成现实的创意。

(二) 创造性的想象来自于文学艺术的积淀

形象思维是进行创意运用的思维方法。形象思维是在对形象信息传递的客观形象体系进行感受、储存的基础上，结合主观认识和情感进行识别，并用一定的形式、手段和工具创造和描述形象的一种思维形式。

思维形式是意象、直感、想象等形象性的观念，其表达的工具和手段是能为感官所感知的图形、图像、图式和形象性的符号。形象思维所反映的对象是事物的形象，是反映和认识世界的重要思维形式，是培养人、教育人的有力工具。

"消极想象"是写作想象思维方法之一。常常依据别人语言的描述或图样的示意，运用自己积累的感性形象材料，在脑海中再造出相应的新形象。创造想象是一种有意想象，它是根据一定的目的、任务，在脑海中创造出新形象的心理过程，用已积累的知觉材料作为基础，将许多形象材料进行组合，创造出新的形象。在新作品创作、新产品创造时，人脑中构成的新形象都属于创造想象。创造想象具有首创性、独立性和新颖性等特点。

文学及艺术作品有许多典型形象的创造，画家绘画、建筑师设计、城市规划等都体现了形象思维的结果。形象思维能力的大小往往决定一个人的审美水平。文学艺术创作过程中主要的是思维方式，借助于形象反映生活，运用典型化和想象的方法，塑造艺术形象，表达作者的思想感情。

文学艺术是以创意为生的学科领域，通过对艺术作品的鉴赏，从作品的形象、内涵、魅力来获得美的享受，获得灵感的激发与启迪。抽象艺术作品更会给人们留下想象空间，助长创造力。总之，做好创意策划工作，需要不断提升文学及艺术素养，追逐自然万象，才会策划出新颖、富有创意和吸引公众的科普活动。

（三）创意视角的泛化训练

很多人一旦形成了思维定式，就会习惯性地顺着定式思维去思考问题，不愿意也不会选择转一个方向、换一个角度去思考问题，这是很多人偏执的"难治之症"。

根据社会学、心理学、脑科学的研究表明，科学的思维训练可以弱化思维定式的强度，但不能从根本摆脱思维定式这个有色眼镜的制约。那么，我们何不准备更多的有色眼镜，让人们换一种视角观察社会。

创意视角就是用不同寻常的视角去观察寻常的事物，使得事物显示出某种不寻常的性质。改变视角能够产生创意，为提升改变视角的能力，需采取创意视角的泛化训练。最主要的是在思考问题、观察现象时有逆向思维。

创意视角的泛化训练主要包含以下几个方面：

- 将事物之间的关系进行反向思考；
- 从一个事物的正面想到其反方面的效果；
- 把握事物某一作用与反作用的对立关系。

五、农村气象科普的创意活动

中国气象局气象宣传与科普中心历经十年打造的"气象科技下乡活动"，已成为中国气象局推动农村气象科普的一个重要抓手。中国气象局气象宣传与科普中心每年在策划气象科技下乡活动时，都会不断丰富创新内容，把活动的创意视为科普活动策划的主体，以吸引更多的农村公众参与到气象科普的活动中；结合农村现实对气象科技服务的需求进行实地调研、走访、座谈，用创意的头脑风暴法、借鉴创意法、强制联想法等，创意气象科技下乡科普活动主体过程，使得气象科技下乡活动内容和形式新颖、别致。

因此，策划的最基本要求就是创意，农村气象科普活动的创意就是结合调研实际把有创造性、新颖的想法用具体形式展示出来。

第四节　农村气象科普活动策划实践案例

一、科普教育培训——河南"阳光培训"

乡村振兴是党的十九大确立的国家重大战略，农村气象科普的形式不断扩充，开展农村气象科普培训，奠定了农村气象科普工作的基础，并为农村科普工作的深化以及提高农民科学素质提供了基础保障。农村气象科普培训形式主要包括以下几个方面：

（一）大型气象科普活动成为科普培训的理想平台

开展大型气象科普活动不仅突显气象科普工作的时效性，也是营造气象科普社会氛围的重要手段。科普培训是大型气象科普活动的重要内容之一。气象科普培训工作有着综合特性，其中科普宣传、科技推广、科普咨询和农业生产的气象科技指导等气象科技传播形式，都带有气象科普培训性质。例如，"气象科技下乡"活动期间，重点开展了气象科技、农业栽培、林业、养殖业培训活动。

（二）加强气象信息员气象科普培训工作

加强农村气象科普工作，发挥乡村气象信息员作用，普及气象防灾避险知识，有利于减轻气象灾害对农村、农业生产和农民生命财产安全带来的危害。

河南省许昌市气象局不断创新思维，开拓思路，加强联合，多渠道争取培训项目资金，着力加强气象信息员队伍建设和能力建设。具体表现在以下几个方面：

1.实施"阳光培训"工作计划

气象部门主导，协同农业及相关部门统筹培训项目资金开展气象科普培训。2010 年 7 月，由河南省农业厅、财政厅、人力资源和社会保障厅等 7 部门联合下发的《2010 年河南省农村劳动力转移培训阳光工程实施方案》中，将 1000 名农村气象信息员培训纳入许昌市"阳光工程"培训项目，对许昌市 1000 名农村气象信息员进行免费"阳光培训"，有效解决了农村气象信息员培训资金短缺问题。2010 年 11—12 月，长葛市、鄢陵县、禹州市对 1000 多名来自各乡（镇）、行政村的农村气象信息员进行为期一周的气象专业知识培训。许昌市气象局专家来到培训班面对面授课，培训内容包括气象信息员职责和任务、气象基础知识、气象灾情调查、气象设施巡查与报告、气象灾害及其防御、许昌市主要农作物和特色农业气象服务指标、气象为农服务体系建设等。气象信息员经过专业培训、结业考试，获得了结业证书。参加培训的广大农村气象信息员普遍反映，培训班指导性强、针对性强，对于他们在日常做好农村气象服务和气象灾害防御工作起到很好的指导和帮助作用。

2."阳光培训"工作推进与实施

2010—2013 年，许昌市气象局先后完成全市 3700 名农村气象信息员"阳光培训"任务，为河南全省农村气象信息员培训工作探索了一条行之有效的途径。

许昌市气象信息员培训工作发挥了示范效应，自 2011 年起，河南全省农村气象信息员"阳光培训"全面开展，先后对 8000 名农村气象信息员进行了气象科普知识、气象防灾减灾等内容的培训，使得气象信息员的综合素质得到大幅度提升。

为规范农村气象信息员"阳光培训"工作，经许昌市人力资源和社会保障部门审定，2010 年许昌市气象局创办兴农职业培训学校，制定教学计划，完善教学管理。组织编写了《农村气象信息员培训教材》，制作培训课件；组建以天气气候、农业气象、大气探测、防雷、计算机等气象专业技术人员为主体的气象科普宣讲专家团队；特聘农业部门专家授课，培训取得了良好的效果。

3."阳光培训"取得的成效

（1）农村气象信息员队伍素质明显提升

许昌市气象信息员"阳光培训"工作的深入开展，使广大农村气象信息员能够得到系统的气象专业知识培训，为协助气象部门做好农村气象灾害预警信息传递、气象灾情调查、气象科技传播等工作做出了积极贡献，为促进农村气象防灾减灾和农村经济社会发展发挥了重要作用。

（2）农村气象信息员在基层防灾减灾中发挥重要作用

通过培训，气象信息员能够主动服务，每天登录河南兴农网、许昌农业气象信息网等服务网站，及时接收传递气象预警短信和农业生产建议，深入田间地头指导生产，指导农民趋利避害，受到当地政府部门和农民群众的一致好评，为保障粮食丰产丰收发挥了重要作用。

（3）农村气象信息员"阳光培训"发挥示范作用

自2010年起，河南省农业部门在许昌市成功开展农村气象信息员"阳光培训"试点工作以来，农村气象信息员培训工作稳步推进。2011年河南省农业厅在全省多个地市推进农村气象信息员"阳光培训"工作，在推动全省气象信息员队伍建设方面发挥了积极的示范作用。

二、"科普大篷车"和"科学快车"

（一）"科普大篷车"在农村气象科普工作中的重要意义

"科普大篷车"是中国科协科普工作的品牌科普项目，是落实中央关于社会主义新农村建设的二十字方针（生产发展、生活富裕、乡风文明、村容整洁、管理民主）和农业部、中国科协牵头制定的《农民科学素质教育大纲》为指导，开发的Ⅳ型（县级）科普大篷车，其集成了丰富的科普资源，为农民群众送去了实惠的科普服务。这是将固定室内的科普馆资源打造为"流动科普馆"的一种转型尝试，是国家科普牵头单位中国科协立足广大农村科普实际，推动农民科学素质提高和基层科普基础设施建设的重要举措之一。2012 年，中国气象局气象宣传与科普中心开始启动"流动科普万里行"活动，2012—2019 年，先后赴 7 个省市，以落实全民素质纲要、提高全民科学素质为宗旨，推动全国气象科普"进学校""进农村""进社区""进企事业单位"四进工作，普及气象科学知识、气候变化知识和防灾避险知识，以提高受众人群的气象科学素养，指导人们科学解决在工作与生活中遇到的困惑。7 年来，在"流动科普万里行"活动的推动下，各省以不同科普形式，将气象科普信息送进 4 个平台，取得了良好效果。

（二）"科学快车"走乡进村，助推乡村振兴发展

2019 年 5 月底，中国科学院"科学快车"团队参加了由中国气象局与 8 家单位联合主办的"2019 年气象科技下乡暨科学伴我行——走进内蒙古突泉"活动。活动旨在探索建立科技助力稳定脱贫长效机制，发挥科技创新和科学普及在衔接产业扶贫、智力扶贫、创业扶贫，助力乡村振兴方面的可持续作用，把优质科普资源送进学校乡村，把先进适用技术送到田间地头，激发可持续脱贫的内生动力，夯实稳定脱贫基础。"快车"驶进内蒙古突泉县，适逢儿童节，"快车"把中国科学院科学教育联盟部分在京成员单位赠送的礼物带给突泉县的孩子们，快车卡通人偶"卡卡"和小朋友们度过了一个科技感十足的"六一"。

第三章

农村气象科普活动的实施

农村气象科普活动的组织与实施是一个非常具体又重要的工作，主要是指农村群众相对集中的气象科普活动。在规定的时间，一定的场所，由一定数量的人员参与的活动，内容和主旨是展示农业气象科技近期发展状况、普及科学技术知识和倡导科学方法、传播科学思想、弘扬科学精神。主要形式是农业气象技术培训、农业种植技术培训、科普展览、科技咨询以及综合性的科普活动。比如：中国气象局每年科技活动周举办的"气象科技下乡活动"，筹备的时间长于实施的时间，该科普活动的目的是在活动的进行过程中呈现农村气象科普工作的成效，而不是要一个具体可观的结果，需要有很强的现场性和实践操作性。

气象科普活动一般经过策划、筹备、实施三个阶段，不管在哪个阶段，所调用人力资源和现场设备耗费都是巨大的。因此，如何将气象科普活动的策划方案有效地组织实施，需要做好活动的前期筹备工作，制定严谨周密的活动实施方案。

第一节 农村气象科普活动实施方案撰写基本原则

一、实施方案的作用

农村科普活动的有效实施是一项目的性很强的具体活动，由于在实施方案的撰写过程中会涉及许多因素，需要协调解决来自于各方面的问题，每一个环节都必须有一个经过严谨周密策划的实施方案，并需要有具体的实施计划，为顺利地开展农村气象科普活动奠定基础。

为保证活动方案实施过程中始终保持正确的方向，必须紧紧围绕方案目标推进各项工作，由主办单位牵头策划并召集组织单位、应参与活动的相关机构或职工召开座谈会，对策划实施方案的背景、主题进行逐一讨论落实，充分利用村镇现有的各种资源，最大限度地发挥各种有利因素，做好活动后勤服务保障工作、安全工作、宣传工作，让农民群众充分了解科普活动主题和目的，并积极参与其中。

活动方案的实施是一个十分复杂的动态协调过程，它需要相关部门和人员的支持、帮助、参与和配合，一方面需经过主管部门领导同意并支持，另一方面还要取得其他部门和相关工作人员的高度理解和支持。要制定突发事件应急处置措施，掌控科普活动的各种渠道信息，快速应对各种复杂的突发事件，并根据现实情况做出相应的调整，以防活动现场发生混乱和失控。

二、应遵循的原则

（一）组织运行的高效性

组织机构高效运行是保证气象科普活动顺利完成的基础。科学的管理方法、管理人员和资源的合理配置，以及各个相关机构的沟通协调渠道畅通，从而实现用最少的资源获得最大的成效，并节省预算。

（二）细节的严谨性

气象科普活动的筹备实施过程由每一个细节烦琐的小事件组成，因此，必须事无巨细，处处提防谨慎，确保万无一失。

（三）加强与公众的沟通

气象科普活动的最终目的与意义，就是让广大公众受益。气象科普工作者应注重与公众的密切沟通与交流，及时了解公众需求，研发更通俗易懂的气象科普产品，让公众通过参与气象科普活动学习了解气象科学知识、气象科技发展近况及未来发展前沿科技动态。

（四）实施过程紧扣主题

气象科普活动需要有一个完美的前期策划方案，在实施过程中要始终围绕主题，突出宗旨，将策划的文字脚本逐一转化为现实。在活动过程中要自始至终体现一个整体主题思想，必须抓好实施计划和操作规范的设计、前期准备工作、实施过程统筹管理、突发事件应对和结束收尾工作等几个步骤。

第二节　农村气象科普活动实施方案的制定

一、确定任务和目标

在起草制定气象科普活动实施方案之初，应简单概述活动的主要任务、实现目标和工作内容。策划者应该确保方案的实施不会脱离既定方针，这样才能够有效实现最初的设想计划。

在策划各种气象科普活动时，应根据要达到的预期效果来设计活动的标准，即我们常说的"目的""既定活动成果"。任何工作都要围绕既定目的来推进实施。

公众目的的要素包括：公众需求、组织者需求、过程推动、达成目标。因此撰写科普活动实施方案与计划需要遵守以下几点：

（1）了解公众需求：策划者想向公众传播什么？公众参加活动的目的是什么？他们想获得什么？通过参与气象科普活动，这一愿望是否有所改变？

（2）在活动实施过程中，组织者应对已经实现的目标了如指掌，以实现目标为导向，将策划组织的既定目标与实际情况不断地进行比较，未达成的还有哪些，如何积极促进贯彻落实，使所有的工作人员达成共识。

（3）在活动实施过程中，策划实施方案的执行者应不断提示自己"我们的目的是什么"，并应积极向公众表达"参与这项活动的意义是什么，将在这个活动中学到或掌握什么"，通过双方共同努力实现活动的预期效果。

（4）在活动实施过程中，积极征求公众的意见和建议，加强双方的沟通，收集需求信息，促进两者目标的共同实现。

二、设定最终评价内容和指标

目标，就是初期策划和具体实施达到的结果，有些目标的实现可以用指标数字、百分比来量化，如参加活动的人数和年龄。相对而言，活动的培训效果评价显然是非具体的结果。

活动评估内容简表

类别	参加对象			户籍	文化程度	媒体报道	备注
	学生	农民	干部		本科		
参与人数							
效果综述							

三、科普活动项目可行性报告

撰写气象科普活动项目可行性报告时，策划者应当把握好活动要达到的目的、目标和结果，具体的组织方式、实际的布局，以及社会、环境和经济影响。阐述气象科普活动项目理念尤其重要，详细的计划能确保气象科普活动的现实性效果。气象科普活动可行性报告的撰写可分为两部分：

（一）科普活动的项目概况

- 活动名称
- 活动地点
- 活动举办时间
- 活动的目的和理念
- 活动目标和预期结果

（二）科普活动的管理

- 组织者
- 组织者职责
- 重要的相关机构和单位
- 活动的举办区域和周边环境
- 活动的有关图示
- 活动场地的布局（室内、室外）
- 观众与记者
- 活动产生的影响（社会、环境、经济、学术）

四、科普活动举办的时间与地点

举办一次大型的科普活动，时间和地点的确定需要做大量的部门内外的协调、沟通、实地考察工作。活动方案写得再好，这两点不把握落实好，就会影响整个活动的进程。既要考虑科普活动受众能否按时参与活动，又要考虑参与活动的领导的时间，另外还要考虑活动期间的天气过程如何，选择最佳时间。

科普活动中的时间掌控要注意节奏感，活动的开始时间、休息时间、中间间隔都应考虑公众、受邀专家的承受能力，确定比较恰当的间隔时间。

科普活动的场地选择是组织者需要花费很大精力来完成的。

一是场地的位置，二是更重要的问题，即场地租赁的成本核算。对科普活动举办的效果而言，场地、设备的层次决定了科普活动本身的层次，只有场地环境良好才能够吸引更多公众的注意力，激发其参与活动的积极性。同时，还要考虑到场地设备的齐全和场地管理人员的技能保障。

场地的费用还与活动对时间的需求有关，为节省开支，应考虑活动前的设备"进场"和"出场"时间，要尽量与租赁方谈妥，以免增加不必要的开支。一般定下来的科普活动场地没有特殊情况不要随意更改，同时应注意以下几点：

（1）勾画活动场地地形平面图（出入口显示），张贴活动指南，图上标明场地所在的位置、个性服务设施、洗手间、安全出口、咨询服务点。

（2）应注意安全防范措施齐全，部署消防、防盗设施。要悬挂标语，提示参与活动的公众在公共场所讲文明、讲公德、讲卫生。

（3）在空间规划上应考虑儿童、孕妇、残疾人和老人等特殊人群，包含通道的大小、无障碍设施、台阶的设计、展板的高度和文字大小、内容的可读性等。

（4）活动结束后的扫尾整理工作，切记展板、设备妥善保管。

五、科普活动实施人员和目标公众

作为气象科普知识的传受双方，实施者和目标公众的目的是一致的。气象科普活动的策划者，应以公众实际需求为导向，在气象科普活动实施过程中，充分考虑到双方的实际差异，进行积极的沟通与协调，共同促进气象科普活动圆满结束，同时需注意以下几点：

（1）工作人员要充满热情、保持良好的态度，积极引导帮助公众顺利全程参加完活动。

（2）工作人员需具备良好的科学素质，对举办科普活动的主题、内容有所了解，并对公众提出的问题进行科学解答。

（3）工作人员应清楚自己在活动中的角色，根据策划方案的安排，做好每一个环节的推动工作。

（4）工作人员在活动结束以后，要做好活动后的评估工作。

六、科普活动组织机构设置及工作分工

在科普活动策划方案中，组织机构及工作分工、职责应详细描述清楚，根据工作需要可分成几个小组，岗位与个人、工作任务、工作职责一一落实到位。制定相应的工作纪律、工作制度、奖惩条例。设置组织机构和工作安排应注意人员分工的合理性，要发挥纵向和横向协调作用，注意管理职能之间的相互关系。组织机构和工作分工的操作规范应把握以下几点：

（1）鼓励有科普热情的职工参与科普活动服务工作，尊重个人意愿选择岗位，最大程度发挥其本人的主观能动性。

（2）每个工作组明确合理的人数，以适宜为原则。

（3）设置机动补充人员，以备后患，为保证活动顺利开展，应积极发动志愿者和普通公众，并解决活动资金不足的问题。

（4）分配工作时应明确工作任务和奖惩措施，确保各项责任落实，避免失职现象发生。

（5）活动结束后进行总结和经验交流，为今后举办活动提供参考。

七、科普活动议程及协调工作

大型的气象科普活动往往会分解为多个子项目内容，并分成各个具体的议程去实现，但气象科普活动是一个整体，还需加强不同子项目议程的沟通协调，以保证整个科普活动实施推进的统筹管理和整体性实现，遵守整体的策划构思。比如，每年科技活动周期间，中国气象局除举办气象科技成果展外，还设置了气象

类不同专业的主题研讨会、论坛、专家报告等。因此，做好协调工作尤其重要，应注意以下几点：

（1）科普活动的策划组织单位应设置专门的协调指挥机构，承担任务的协调人应充分了解整个策划方案实施的流程，同时兼任各个子项目议程之间的联系人和突发事件的处理人。

（2）关注活动过程中各个子项目之间的矛盾冲突，一般会出现时间冲突和资源配置的冲突，发现问题要及时解决。

（3）在科普活动实施过程中，经常会出现一些突发事件，在各个子项目议程进行过程中也会有各种各样的问题出现，因此，协调工作显得尤为重要。

八、注意科普活动的工作方式与工作进度

一个大型气象科普活动的实施过程涉及很多环节，要做到按部就班、有序推进，组织工作方式、方法尤其重要，是保障气象科普活动按时有序完成的关键。所以，采取一目了然的工作进度表来表述，更利于及时发现和纠正偏差、错误。在进度表中体现影响活动进度变化的因素、活动进度变更对其他环节的影响、进度表变更时应采取的措施，可以使工作组成员及时了解活动动态。

在气象科普活动中，进度表是科普活动实施的指南，可以清晰显示科普活动主要步骤和时间规划。

九、科普活动具体实施阶段的操作方法

科普活动经过前期周密策划，进入活动具体实施阶段。如何推进科普活动有序开展，采取何种方式向公众传播科学技术知识，在实施过程中应有具体的操作方法。同时，对于活动中涉及的人员设置、资源合理配置、相关部门协调问题，以及公众参与人群类别、与公众的对话、需要回答的问题等，都需要进行精心设计

与梳理归纳。

1.在活动中与公众沟通需注意的问题

· 活动的内容主要有哪些；

· 活动的特色项目有哪些；

· 采用的主要传播方式是什么；

· 活动涉及的项目是否有与公众直接参与互动的内容；

· 活动中公众有哪些需求；

· 突发事件中如何疏导公众；

· 公众信息反馈的途径是什么；

· 当地的民俗、民风有什么特点；

· 活动目标公众类别，具有哪些特点；

· 当地公众喜闻乐见的娱乐方式有哪些；

· 目标公众中儿童、中小学生、市民、机关干部和其他目标公众所占的比重，以及性别比重；

· 现场科普活动与目标公众交流采取何种方式；

· 现场科普活动与目标公众交流最大的障碍是什么；

· 开展本次活动的最佳有效传播方式是什么；

· 策划方案中活动场景设置的基本特点是什么。

2.工作组内部需注意的问题

· 围绕策划实施方案是否在活动前期对参与活动的工作人员进行系统培训；

· 对活动实施过程中比较容易或比较难解决的项目进行排序；

· 在活动的具体实施过程中针对策划方案是否有现场操作难度。

3.活动实施过程中需注意的问题

· 根据现场实际情况，活动总协调人应具备充分调动主观能动性的能力和扮演现代管理者的角色，注意采用最佳的方法引导与管理工作人员；

- 活动主导者按照活动目标有序推进工作，不能偏离主题；
- 在科普活动实施方式方法上需要有创意的策划，有备受瞩目的亮点，使项目达到预期效果。

十、科普活动应急措施

举办气象科普活动，不排除突发事件的发生，因此策划方案中应急措施预案不可或缺，其内容包括：保安、医疗、防火、紧急疏散措施等。对有可能发生的事件要认真梳理，关注以下几个方面：

（一）科普活动公共场所安全预案

大型的科普活动要注意防火、防爆。注意协调地方消防、公安等部门做好安全后勤保障工作。在预测人多的地方考虑安全通道的设置和评估，明确专人负责，制定疏散对策、疏散路线提示，在关键位置放置灭火器。当意外发生时，必须做出快速反应、有序处置。建立统一的指挥、协调和决策程序，合理有效地调配和使用应急疏散资源。

（二）防止蓄意破坏行为

举办科普活动时应组建治安小组，防止闲杂人员闹事，防止盗窃、破坏活动设备，以及危及人员安全行为的发生。处理应急安全问题时，保安人员一方面应及时通知活动总协调人员，另一方面应对肇事者进行劝解教育，情况较严重时拨打110报警电话，通知现场安保人员处理，同时控制骚乱局面，严防事态扩大，并保护好现场。

（三）医疗应急预案

科普活动策划方案中，人员配置方面应考虑协调在科普活动现场派驻医护人员，并积极争取120救护车现场待命。

十一、科普活动经费管理

科普活动的顺利举办，经费是第一保障。在有经费保障的前提下，组织者应根据科普活动具体实施方案，列出需支出的项目，包括：场地费、设备费、宣传费、会议材料费、邀请专家费、车辆租赁费、宾馆（餐饮、住宿）费、未预知费、承办费用等。

十二、设计科普活动展示方式

科普活动实施过程中，组织结构图、图示、议程表和检测表是向公众、组委会成员和相关部门通报活动情况和数据变化情况经常使用的工具，也是高效推进科普活动实施的重要手段。下面介绍几种常见方式。

（一）组织科普活动构架图

科普活动实施具体日期确定以后，可采用组织活动构架图展示各项任务、职责等，从中能够清晰、一目了然地看出科普活动所需各个指标配备数量、机构设置等。

以组委会为例：财务归后勤协调组，设备归娱乐协调组，宣传新闻组和行政管理组可独立运行，会务组负责统筹各组事务。

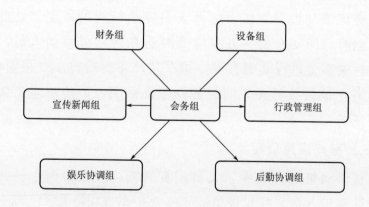

（二）图示

在科普活动实施现场，图示的使用效果非常好。参加活动的公众通过图示可以清晰地了解场地的区域分布，从而快捷地参与到科普活动中。

（三）甘特图

大型的科普活动时间持续长、项目内容多，在计划初始阶段和活动的准备阶段可采用甘特图，通过活动列表和时间刻度形象地表示出任何特定的项目活动顺序与持续时间。

以科技周活动时间与内容安排甘特图为例。

内容	时间				
	周一	周二	周三	周四	周五
广告周期					
科普报告					

日期置于图表上方，线条用来表示各项工作应完成的时间。这种方法的好处在于能够清楚地了解各项工作之间的关系和依赖性，同时掌握和控制进度。

（四）日程表

在科普活动前期，从活动整体策划，到科普活动具体实施方案撰写，再到活动的具体实施，采用日程表的形式表述是比较简洁明了的，这使得参加科普活动的代表和公众能够清晰地了解整个活动的日程安排及内容，是大多数科普活动策划者采用的方式。

气象科技下乡活动日程安排

日期	时间	项目	地点
10日上午	7:30—8:00	全体人员集合出发	宾馆大厅
	8:05—8:55	乘车赴活动现场	××广场
	9:00—10:00	科技下乡启动仪式（领导讲话、代表发言）	××广场
	10:00—11:00	活动现场参观展览	××广场
	11:00—12:00	农业实验基地参观	××村镇
	12:00—12:30	午饭	××餐厅
10日下午	14:30—17:00	座谈会 各代表交流经验 主题研讨 领导总结	××会议室
11日上午	9:00—10:00	乘车观摩农业经济示范区	××村镇
	10:00—11:30	××学校气象科普教育	××学校
	12:00	午饭	××餐厅
11日下午	活动结束	代表返程	

第三节　农村气象科普活动实施前的筹备工作

农村气象科普活动的成功举办需要抓好几个环节，活动策划方案撰写、活动实施前期的准备工作、活动具体实施方案现场落实。那么在活动举办之前要做好哪些准备工作呢？

一、策划方案书的审批

科普活动方案书定稿后，活动组织单位或策划者应积极按程序办理审批手续。一般的科普活动需要得到本单位主管领导的批准方可进行，大型活动则必须得到上级主管部门、单位治安保卫部门和当地公安机关的批准。

（一）审批材料上报

大型活动需要向上级主管部门提交审批材料，主要是活动策划方案书，其中包括活动时间、地点、主题内容、主办单位、承办单位、协办单位等，以及活动现场分布图、工作组设置、活动实施方案说明、安全保障和应急预案等。

（二）审批目的

科普活动方案策划者应向上级主管部门或领导表明：本次活动不存在有危害国家利益、民族团结的内容；不存在煽动性、危害社会稳定的内容；组织单位法人具有合法的资格；活动内容符合当前国家政策和方针；不影响周围群众的日常生活；消防设施备；已制定相应的安全制度、落实相应的安全责任人。

（三）审批程序

科普活动材料上报审批有一定的程序规范，时间上应把握好，预留审批时间，尽早上报，争取尽早审批，以保证活动能够如期举办。

二、科普活动的人员安排

（一）科普活动组织构架图

活动组织构架图一般用于中大型科普活动，由于科普活动内容较多，会场一般分布在多个地方，所以要制定几个不同的组织构架图，每一个组织构架图代表着各项不同阶段或任务。

1.科普活动策划期组织构架图

在科普活动举办前，组织者主要关注活动实施阶段的各项工作。因筹备期较长、事情繁多，可以使用阶段构架图列举各项工作，通过清晰的流程来了解工作进展。

（1）在科普活动策划方案中负责基本任务功能的人员，如会务管理、财务、接待、服务、餐饮等；

（2）多功能团队负责管理安全和公众服务等；

（3）相关合作部门（活动外包公司、广告公司、其他供应商）。

2.科普活动举办期间的组织构架图

当科普活动进入实施阶段时，会务组人员都各就各位，公众参与后，组织规模也会极大地扩充。科普活动实施过程中，有时会针对不同的内容布设多个场地，因此，每个活动区域中负责场地协调人员的姓名、电话，科普讲解员所在位置都应体现在构架图上。构架图应体现参与活动的会务组、全体工作人员的构成，并注明工作人员上下级隶属关系，以及应急处置联系人员。

（二）科普活动结束收尾工作组织构架图

举办一次科普活动要有始有终，从科学策划、活动具体实施，到收尾工作的每一个环节都不能忽视。除现场对展项进行收集、清理外，最重要的是收尾工作构架图应标明总结报告和涉及活动评估的承担者及任务。

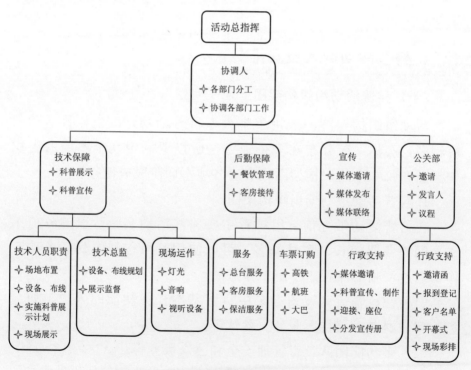

科普活动组织构架图能够清晰地展示整个活动流程

（三）科普活动岗位职责分工

科普活动的成功举办，关键在于牵头人统筹管理到位，对岗位职责进行合理有效的分工，以及实施过程中团队每位成员职责分明、重点明确、各尽所能、相互配合，出色完成岗位职责任务。下面以科普活动的会务组工作职责举例说明。

（1）会务部长职位

上级：科普活动总指挥；

责任：负责会务及协调各相关部门工作；

负责内容：熟悉科普活动策划方案及具体实施方案，掌控科普活动的整个流程，统筹各方面资源，协调相关工作，负责突发事件应急处置。

（2）科普活动策划职位

上级：科普活动总负责人；

责任：负责科普策划和活动组织工作；

负责内容：负责签约完成科普活动合同事宜并了解相关法律知识，以及大型科普活动治安管理规定及审批程序；了解安全保卫工作方案内容、会场布置与管理、群集公众餐饮服务；有一定的科普策划能力，负责撰写各类科普活动策划方案和活动具体实施方案，具有较强的执行力；具备较强的团队合作精神，善于沟通，工作细致认真，逻辑性、思维条理性清晰；承办组织过大型科普活动的策划、组织、协调、实施，具备相关的专业知识，以及与时俱进的创新思维；能够掌控科普活动具体实施的各个环节，具有较强的活动组织、运作能力及丰富的公众服务经验、社会经验；负责活动现场工作协调及突发事件应急处置。

（四）部门协调工作

科普活动涉及合作的部门较多，活动方案审批完成后需及时协调好相关部门的关系，以获得各部门的配合与支持，保障科普活动的顺利举办。具体应注意以下事项：

（1）科普活动举办之前召开部门协调会议。

（2）科普活动总负责人明确各部门职责，通过研讨使各部门各负其责，统筹安排活动，实现人员调动自由，避免出现人员紧张状况。

（3）科普活动牵扯的单位较多，策划者应在方案中强调各单位所承担的安全责任。

科普活动的组织单位包括：主办单位、承办单位、协办单位、赞助单位和冠名单位。举办大型活动，安全应放在首位，按照相关文件规定安全管理工作实行"谁主办、谁负责"的原则。主办方是活动的第一安全责任人，承办者、协办者、场所提供者等对安全工作分工负责。依据大型活动安全管理条例，各级人民政府举办的庆典、纪念性、公益性大型活动的安全工作由公安机关负责组织实施，其他大型活动的安全由主办方自行承担，公安机关对主办方的安全工作予以指导和监督管理。

为保证科普活动顺利开展，在前期筹备阶段，针对部门协调工作，策划者应考虑以下几个方面的因素：

- 确定对外联系工作人选；
- 确定内部协调工作人选；
- 确定联系消防、公安单位人选；
- 根据活动规模制定协调方案；
- 请示上级主管领导确定联络政府部门途径；
- 落实相关部门是否做好参与活动的准备。

三、科普活动场地布置

科普活动场地的布置直接影响到科普活动效果和预期目的的达成。天气预报也是不可忽视的重要因素，工作人员提前到位了解近期天气预报信息后决定场地布展时间，并在活动启动之前对各个环节进行检查、测试，确保各项工作万无一失。

　　编写确定科普活动主题标语，用横幅或者条幅彩球悬挂起来，以展示科普活动主题思想，烘托科普活动气氛。布置场地时应考虑以下几个因素：展板构思编写、场地规划与布局、机器设备安装、宣传设计布置、音响设备安装调试、科普活动各个环节的检查与评估、排练或者演习、场地的保洁。

四、科普活动的预热宣传

　　为了让更多的公众参与到举办的科普活动中，科普宣传预热非常重要。要充分利用新媒体平台、科普活动专题网站、微博、微信、手机 APP，以及传统宣传折页、海报、报纸向社会发布科普活动信息。筹备策划宣传产品，在设计上考虑简单大方、色彩亮丽，主题醒目，时间、地点表述清晰，如果有赞助方支持经费，赞助商 LOGO 应标注在广告宣传页或海报页上，充分利用各种宣传平台或渠道多角度发布科普活动信息，并广泛传播。

五、科普活动的后勤保障

　　科普活动的后勤保障工作十分重要，是活动顺利开展的重中之重。一个活动的后勤保障牵扯着方方面面，应准时把所有设备和其他资源安排就位，布台和撤台井然有序，各功能区域的作用充分发挥，使工作人员能高效贯彻落实各项计划并顺利完成活动项目。例如，布台包括搭建活动所需的主会场背景框架和设施，撤台包括拆卸所有设备，这两项工作既可由承办单位负责，也可外包给相关专业公司。

六、科普活动的综合管理

　　科普活动的综合管理工作比较繁杂、面比较广，一般包括以下几个方面：

（一）财务

在科普活动策划方案中应将活动支出经费列出预算明细。按照现有的财务制度管理条例，与公司签署服务合同。

（二）法律

科普活动需要征询法律专家的建议，完善合同内容，确保法律效应。

（三）技术

单位负责技术保障人员或公司购买的服务承包商要做好活动保障工作，特别强调活动之前的演练，确保各个环节万无一失。

（四）媒体

在科普活动策划方案中，新闻媒体由专人负责，牵涉内外媒体协调、发布新闻通稿，以及负责协调现场嘉宾采访等事宜。

（五）人员与服务

科普活动各个环节的礼仪、服务、志愿者等人员听从活动负责人指挥，做好相应的服务工作。

（六）场地管理

科普活动场地管理应注意健康、安全、对突发事件的应急处理。其他设施、设备的运营、维护等应由签约服务单位承担或由承办单位安排相应的人员承担。

（七）医疗服务

科普活动主办单位向公众与嘉宾等提供应急医疗服务以及常用的应急药物。

（八）礼仪接待

科普活动的礼仪接待是后勤保障工作的重要内容之一，活动开始前要安排好接待工作和交通、接待流程，事先与各个出席单位、代表和新闻媒体单位做好联系。在活动开始之前，开幕式场馆中应安排有嘉宾休息场所，设置专门的接待人员。要注意以下几个问题：

（1）负责科普活动接待的工作人员须了解和熟悉参加科普活动人员的交通方式、班次、人数、时间、级别、性别、联系方式、习惯等。

（2）负责科普活动接待的工作人员须熟悉活动现场环境基本情况。对活动的各项工作内容安排了如指掌，熟悉现场电、水、消防通道等各个环境状况和应急处理措施，积极向有关人员进行解释与引导。

（3）接待工作人员应保持良好的礼仪与态度。在整个接待过程中，接待工作人员应与有关领导、新闻媒体面对面接触，以便及时解决需求问题，同时保持饱满的工作热情和良好的礼仪修养，注意仪容仪态，谈吐举止要大方得体。

七、科普活动的保安与安全

（一）安全标志

科普活动工作场地安全标志的设置非常重要。在场地醒目的地方标注安全注意事项和设置安全标志可用来强调关键信息，有助于避免意外事故的发生。

（二）保安

保安工作人员负责持证参加科普活动的相关人员的检查工作，以及承担群众携带物品的寄存管理工作。

保安人员的职责包括：检查出入活动区域人员的证件、登记出入车辆和物品；在活动区域进行巡逻、守护、安全检查、报警监控等；在活动区域内发现违法犯罪行为应积极制止，情况特别恶劣者可及时报警，并保护好现场。

（三）急救

举办科普活动时，如果天气过于炎热或寒冷、人流量比较大，参与活动人员可能会出现身体不适情况。一般在科普活动举办之前应联系医疗机构，根据现场需求配备医务人员和120救护车，当公众发生疾病或发生意外事故时，应立即拨打医院急救电话，相关负责人应迅速采取必要措施抢救受伤人员，使当事人得到及时救助。

第四节　农村气象科普活动的现场组织与总结工作

一、科普活动的现场组织

（一）报到和接待

科普活动报到接待处的作用很大，需要有责任心、有热情、处理及协调解决问题能力较强的人员承担。工作人员必须了解清楚接待的任务、内容和注意事项，提前准备好报到时需要的签字簿、证件（嘉宾证、媒体证）、活动日程、参会材料等。

- 咨询接待：提供科普活动信息，引导参会人员；
- 办理手续：办理签到、入住手续；
- 临时休息：接待大厅临时休息处；
- 财务缴费：按规定缴纳费用。

（二）科普活动的启动仪式

举办一次科普活动，前期的筹备与策划完成，各项工作已经准备就绪，启动仪式进入倒计时。

1.启动仪式现场的组织管理工作涉及几个方面

- 观众的组织与管理，营造热烈的活动气氛；

• 嘉宾和领导的接待及引导，工作人员应对科普活动全程了解；

• 总协调人提前到启动仪式会场检查各个环节；

• 主持人按照总协调人要求做好准备；

• 现场工作人员听从总指挥安排，随时待命；

• 保安人员听从总指挥安排，维护现场秩序，随时待命；

• 注意预防和现场处置突发事件，如提前关注天气预报、防止拥挤踩踏事故发生、提前调试音响设备等。

2.媒体的接待与跟进

传媒合作是科普活动的一项重要工作，媒体的跟进宣传在科普活动中发挥重要作用。农村科普活动举办之前，媒体的跟进是必需的，通过手机 APP、网络、微博、微信等新媒体与传统媒体的结合，让农民朋友充分了解科普活动的内容和意义，转载一些农业栽培技术、知识与方法。活动过程中，要联络媒体落实相关事宜，协助媒体采访领导和公众。活动结束后，要注意向媒体提供新闻通稿，介绍活动的背景和概况。

3.后勤服务保障

科普活动现场后勤服务保障工作是非常重要的环节，事关活动能否顺利举办。活动现场的各种接待和礼仪工作直接影响到活动的质量和公众对活动的热情。因此，科普活动现场的工作人员一定要态度良好、有礼有节。

二、科普活动的总结工作

科普活动结束后应做全面的总结，可为以后开展活动提供参考。

（一）科普活动的各种资料整理存档

活动策划方案书、实施方案以及在科普活动过程中拍摄的大量图片、视频都需要整理归档，以备查询。

（二）科普活动的总结汇编

科普活动的举办反映了当时局地的时代背景，举办方利用这个机会和平台展示本省或市县在农村科普方面所取得的成效。政府发言稿、地方发言稿、群众发言稿、图片、视频等都要集中归纳、收集汇编。

第四章

农村气象科普品牌活动
——气象科技下乡活动

第一节　气象科技下乡活动概述

一、气象科技下乡活动开展的背景

　　目前，农村仍然是气象灾害防御的薄弱地区，农业仍然是易受气象灾害影响的行业，农民仍然是最易受到气象灾害威胁的弱势群体。随着农村经济社会发展水平的不断提高和全球气候变化影响的加剧，极端天气气候事件日益增多，气象灾害造成的损失越来越大，农业生产、农村发展、农民生活对气象服务的要求更高、需求更迫切。因此，普及气象科学知识，增强农民防范意识，使其做到科学防灾、主动防灾、有效防灾、趋利避害，对促进粮食稳定增产、农业增效、农民增收和农村经济可持续发展都具有十分重要的意义。

　　为全面贯彻中宣部、中国科学技术协会等部委《关于深入开展文化科技卫生"三下乡"活动的通知》，贯彻落实《全民科学素质行动计划纲要（2006—2010—2020年）》、历年中央农村工作会议精神、中央一号文件精神，自2009年起，中国气象局、中国气象学会联合农业部、科技部、中国科协等部门联合开展气象科技下乡活动，力图打造气象部门普及传播农业气象科学技术和气象科学知识的重要平台。

二、气象科技下乡活动的筹备与实施

（一）农村科普活动的筹备与实施时间

中国气象局气象科技下乡活动，一般在当年"科技活动周"活动的 5 月左右实施。筹备工作应在上年度末的 11—12 月开始启动，主要工作是中国气象局气象宣传与科普中心科普部指导省级气象局如何利用"气象科技下乡"科普活动这个平台梳理归纳本省气象为农服务工作取得的成绩、突出特点、理念、思维方法，展示气象为农服务所取得的成效，同时落实在该省举办活动的地点、内容、经费、合同签订。

（二）农村科普活动对象

气象科技下乡主要面对的受众人群是乡村农户及粮食种植、经济作物大户，以及集约发展的农村合作社社员、乡村学校学生。科普活动还邀请专家做有关农业栽培与气候条件、气象防灾减灾的知识专题报告会，因此，活动对象也会扩大到基层地方政府及企事业单位工作人员。

（三）农村科普活动内容

自 2009 年起，气象科技下乡活动以气象科普融入气象科技为农服务为切入点，依托历年的"科技活动周"重要时间节点，开展面向基层的农村气象科普活动，充分施展气象科普对为农服务发挥的基础性、先导性、前瞻性作用，以创新科普的理念丰富农村气象科普内涵，促进乡村精神文明建设、气象文化建设，传播气象科学知识、科学思想、科学精神、科学方法，推广气象科学技术应用与普及，从而达到提高农村公众气象科学文化素质的目的。

气象科技下乡活动内容设置主要包括以下 7 个方面：

1. 推动气象科技成果应用与创新

推进气象科技为农服务，利用农业气象综合观测体系、遥感技术指导农民合理利用气候条件、气象预报、预警信息种植粮食与经济作物，提前预防干旱、洪涝、大风降温等灾害性天气。引导农民应用气象科技现代技术，实现精细化农作物栽培。推动为农服务系统建设，建成观测农作物生长可视化、气象数据信息化、水利灌溉一体化的现代气象为农服务体系。

2. 加强气象信息员培训，提升科学素养

气象信息员在农村气象防灾减灾中发挥了重要作用。中国气象局《气象知识》科普杂志将气象信息员列为主要读者群，引导广大基层气象信息员了解气象知识、了解气象科技发展动态、了解气象防灾减灾知识、了解气象科普意义，提高气象科学综合素养，丰富气象信息员视角，《气象知识》已成为气象信息员必备的气象知识科普读本。不断加强气象信息员培训工作，引导其掌握、了解《气象信息员知识读本》《气象信息员工作手册》内容，做气象灾害防御前沿的守护卫士。

3. 举办座谈会，打造气象科普交流平台

在气象科技下乡活动期间，举办气象科技为农服务工作座谈会，邀请具有特色为农服务经验的省份参加交流，介绍本省的先进工作理念、工作思路、应用技术。通过科普活动，把先进省份的经验引进来，将开展活动的经验带回去，以点带面广泛普及，努力将气象科技下乡活动逐步打造成气象科普助推气象科技成果应用和推广气象科技为农服务经验的交流平台。

4. 开展实地观摩，开拓为农服务视角

在中国气象局为农服务两个体系建设推动下，各省级气象部门深入农村调查研究，涌现出许多针对农村生产不同需求而开展气象科技为农服务特色做法，并在气象科技下乡活动平台体现出来。比如：河南鹤壁的小麦、玉米，以及灾害预警预报；河南南阳水果、蔬菜大棚；湖北荆州小龙虾；云南咖啡、烟叶；黑龙江五常大米、温棚蔬菜；山西苹果、梨；山东青岛温室果蔬栽培；等等。参会代表实地观摩收获很大，开拓了气象科学技术服务视角。

5. 开展科普讲座，提高农民综合能力

开展气象科学技术惠农讲座，以及农业粮食作物、经济作物栽培技术，农业防灾减灾等讲座，是促进乡村振兴的重要渠道之一。2015年，中国气象局气象宣传与科普中心在科技下乡活动中组织开展"院士讲堂"活动，邀请中国工程院陈联寿院士为四川简阳市公务人员做了"地球上的气象灾害及其对策"主题讲座，推进专家、院士参与科技下乡活动，普及气象知识。

6. 流动科普设施走进农村，开拓学生视野

2013年，在湖北潜江科技下乡活动中，推出了"流动气象科普馆设施"展览。以推进国家级优质气象科普资源与基层、地方共享为目的，该套设施以农村社区居民、乡村农民、乡村中小学生为重点服务对象，充分发挥了"气象流动科技馆"深入基层服务的优势，普及相关气象科学知识，提升了公众的气象科学素质和应急避险能力。

7. 利用媒体扩大气象科普惠农社会效益及影响力

历次气象科技下乡活动邀请《人民日报》、新华社、《科技日报》《农民日报》等社会主流媒体和《中国气象报》、中国气象网、中国气象频道等行业媒体参与相关的报道和宣传，传播气象科技知识，提高科普活动影响力。通过媒体的传播、村民口耳相传和气象科普图书及材料的发放，更多的村民感受到了气象科普的作用和魅力，从而增进了对气象科学知识的认识和了解，增强了其防灾避险自救和充分利用气象条件发展"三高"农业的意识和能力，有效扩大了活动的覆盖面和影响力，对促进当地农村经济社会发展和农民增收起到了很好的作用。

（四）科技下乡活动具体实施

举办气象科技下乡科普活动，总牵头人要对科普活动的总策划方案有全面了解，按照策划方案的具体实施要求，统筹安排，提前做好举办活动的一切准备工作，主要包括以下几个方面：

- 召开活动实施筹备会，由专项人员负责按照方案内容逐一落实；
- 做好科普活动启动仪式的主会场各项设备的检查；
- 与当地政府相关部门沟通，做好消防及安保工作；
- 按照方案演练启动仪式；
- 做好启动仪式引导员培训；
- 做好租赁车辆安全检查工作。

三、关于气象科技下乡活动的若干思考

历年气象科技下乡活动的顺利开展，离不开强有力的农村气象科普顶层设计。要将推进农村气象科普工作写入气象科普发展规划，实现农村气象科普工作的常态化、社会化、品牌化发展。

（一）提升农村气象科普工作认识，打造科普品牌活动

品牌是科普文化创新的雄厚积淀，是当前科普竞争力的直接体现，是提高科技创新能力和加快公民素质建设的重要途径及基本标志。气象部门利用行业具有的特性，以气象科普为切入点，发挥气象科技的作用，推进农民科学素质提高，促进农民增收、农业发展和农村繁荣。要运用新的技术和手段，打造农村气象科普活动品牌，创新工作机制，探索适合农村气象科普的方法与手段。

打造"气象科技下乡"农村科普活动品牌，对提升气象部门影响力具有重要意义，也得到了地方政府的高度关注和大力支持。农村气象防灾减灾"最后一公里"气象科普工作是一项系统的、

复杂的科普工程，如何发挥"政府主导、部门联动、社会参与"的气象预警灾害防御机制，有效预防灾害性天气至关重要。需要加大推进农村气象科普工作力度，提高农村气象科普意识，不断传播气象科普知识、气象科学技术，使乡村农民依据气象知识，合理安排生产、生活。因此，我们将进一步提高对"气象科技下乡"农村科普活动的认识，充分利用"气象科技下乡"农村科普活动的平台，进一步争取各级气象部门和地方政府的大力支持，为打造"气象科技下乡"品牌活动提供坚实的保障。

（二）发挥气象科普先导性作用是做好公共气象服务基础之一

农村气象科普是公共气象服务的重要内容之一，要发挥气象科普的基础性、先导性作用，助力气象为农服务取得实效。要着力加强气象科普资源开发共享工作，以防灾减灾、应对气候变化为重点，开展形式多样、内容丰富、农民喜闻乐见的气象科普活动，提高农村农民科学素质和防灾减灾能力。

一方面，要深入基层开展农村气象科普需求调研，以当地需求为导向，有针对性地开展"气象科技下乡"农村科普活动。

另一方面，要邀请气象、农业方面的专家，在充分调研的基础上，联合编写农村气象科普读本，普及农业气象知识、推广农业实用技术，传播科学思想、弘扬科学精神。读本要图文并茂，语言通俗易懂。

（三）丰富"气象科技下乡"科普活动内涵

"气象科技下乡"农村气象科普活动是一项系统的综合性工作。如何丰富活动内涵，让群众喜闻乐见、有实际收获？这给气象科普工作者提出了新的要求。农村气象科普活动要紧扣气象业务科技发展实际，普及气象科学知识、展示气象现代化最新成果、传播气象科学思想、弘扬气象科学精神；要充分发挥农村气象科普活动平台作用，联合农业部等相关部门共同提高气象科普活动的科技含量，真正将农民需要的科普产品送到农民手中；要加强农村气象科普活动形式创新，加强气象科普知识的有效传播，加大气象科普活动的宣传力度，整体提升农村气象科普活动的社会效益。

（四）利用重要纪念日开展农村气象科普活动

要充分利用世界气象日、防灾减灾日、气象科技活动周等契机，开展气象科普进农村活动，持续推进"气象科技下乡"农村气象科普活动的开展。

（五）促进大学生践行农村气象科普活动

持续推进气象防灾减灾宣传大学生志愿者中国行活动，推动农民等基层群众增强防灾减灾和应对气候变化的意识，提升避灾自救能力；充分展示气象科技的魅力，共享气象科技发展成果。

四、农村气象科普工作的启示

综合历次气象科技下乡科普活动的经验和体会，要提高农村气象科普工作影响力，主要应做到"七个结合"。

（一）农村气象科普与乡村振兴发展相结合

乡村振兴是党的十九大确立的国家重大战略，是新时代"三农"工作的总抓手。农业主要是在自然条件下进行的生产活动，对天气气候条件的依赖程度很高。目前，我国农业靠天吃饭的问题仍未完全改变。气象为农服务能力的提升，必须发挥气象科普的基础性、先导性、前瞻性作用，使广大农村公众掌握气象科学知识，合理利用气候条件，科学种植、科学管理，用科学知识摆脱贫困，促进乡村振兴发展。

（二）农村气象科普与气象服务相结合

气象科普作为农村公共气象服务的重要内容，是提升农村公众接收、理解和应用气象信息的重要手段，是公共气象服务的有效延伸。在农事关键时期，以农民群众的农耕生产、生活需求为导向，气象科普工作者应深入到田间地头，向农民公众及时提供气象科技服务，并采取多渠道推送气象科学技术知识、防灾减灾知识等方式，指导农民根据天气变化合理安排农业生产、减少自然灾害影响、增收致富。

（三）农村气象科普与防灾减灾体系建设相结合

浙江省德清县气象局积极探索上下联动的气象防灾减灾科普宣传机制，着力推进社会化、大联合的气象科普工作格局，将气象科普工作纳入县政府对乡镇农口工作年度目标考核，同时作为乡镇、村、企业等申报气象灾害应急准备工作认证达标的必备条件，极富新意。

（四）农村气象科普与气象信息员队伍建设工作相结合

要通过发展壮大气象信息员队伍，特别是吸纳有文化的大学生村官作为气象信息员，将气象科普知识、气象预报预警信息能够以最快的迅速传递到农民手中，达到最佳的气象服务效果。目前，我国有气象信息员 70.8 万人，覆盖行政村 99.7%，这也构成了深入最基层的防灾力量。气象科技下乡逐渐从启动仪式、赠送资料、现场考察等传统形式中跳脱出来，逐渐形成以气象科普活动为着力点，把推进农村信息员队伍建设，提升气象科技惠农服务内涵，发挥气象科技应用效果，特别是农业气象综合观测体系、遥感技术等作为重点。

（五）农村气象科普与乡村中小学教育相结合

气象科普要从娃娃抓起，要提高青少年群体防灾避险意识和应对气象灾害能力。如安徽、浙江、上海、重庆等省（市）积极推动气象防灾减灾知识进学校、进课本，《安徽省小学生气象灾害防御教育读本》《小学气象科学普及教育读本》《应对气候变化》

等作为正式气象科普教材进入小学生课堂。

(六) 农村气象科普与农业气象科技成果应用转化相结合

加强农业气象关键技术、农村气象灾害综合防御技术研究成果应用转化，提升气象为农服务科技含量。通过气象科技下乡活动这一平台，充分展示最新科研成果，实现气象科技成果为农惠农。

(七) 农村气象科普与社会媒体相结合

气象科普是一项社会化的系统工程，必须依靠全社会的力量和社会公众广泛参与，共同促进气象科普社会化，提升气象科普的实效性。农村气象科普应结合各省地域实际，充分利用传统媒体和新媒体，普及气象科学技术、防灾减灾知识，提升农村公众综合科学素质。

第二节 近十年"气象科技下乡"农村科普实践活动案例

2009—2019 年，气象科技下乡活动先后赴贵州长顺县白云山村、陕西渭南澄城县水洼村、河南方城县赵河镇泥岗村、吉林榆树市刘家镇、湖北潜江市后湖农场、山东青岛莱西市店埠镇、四川简阳贾家镇菠萝村、云南玉溪市大营街镇、山西临猗庙上乡山东庄、黑龙江五常市拉林现代农业科技园、内蒙古突泉县 11 个省（自治区）的农村地区，通过开展内容丰富、形式多样、群众喜闻乐见、互动性强的农村科普活动，将农业气象知识、气象科技知识、气象防灾减灾知识和气象为农服务技术培训送到千家万户，引导当地群众利用气象信息趋利避害，合理安排生产、生活，使气象服务、气象科技应用为促进农村发展、农民增收、农业增效做出贡献。

在过去持续十年之久的气象科技下乡活动中，气象科普人员向着广袤的农村地区进发，足迹遍布祖国南北的乡间田野，"泥土味"浓了，和百姓的关系更近了。

（一）2009 年农村气象科普活动走进贵州长顺

2009 年 5 月 7 日，为全面贯彻落实党的十七届三中全会和中央一号文件精神，在"全国首届防灾减灾宣传周"活动期间，中国气象学会联合中国科协科普部、中国气象局科技司、中国农学会等单位举办"手拉手，预防灾害；心连心，共建和谐"的气象防灾减灾科技下乡活动走进贵州长顺县。

5月8日，大篷车开进村里，虽然天空下着雨，但近千名当地农民、学生、政府机关干部仍冒雨赶来听气象专家做科普报告，参加本次科技下乡相关活动。本次活动准备了5万多元的科普宣传材料，在现场免费发放，同时还向当地政府赠送了近千套《农村气象灾害避险指南》《中小学气象灾害避险指南》《农村生产灾害应急避险常识》《农村生活气象灾害应急避险常识》《防雷避险手册》及《防雷避险常识》挂图等科普读物。

气象专家进村入户，并深入农户家中和田间地头，了解农业生产发展现状和气象灾害发生情况，向农民现场讲解气象防灾减灾知识，指导农民利用气象信息趋利避害。长顺县是贵州较边远的贫困县，当年的科普活动成为长顺县甚至黔南州丰富气象科技惠农服务内涵的一个切入点，气象工作也逐渐获得当地政府的认可，整体防灾减灾能力有了提升。得益于这种良性循环，2018年6月，黔南州出现暴雨，在气象预报预警信息的提示下，罗甸县提前安全转移了1万多人。

（二）2010年农村气象科普活动走进陕西渭北农家

2010年5月25日，"气象走进渭北农家"农村科普示范活动启动仪式在陕西省澄城县王庄镇水洼村举行。本次农村科普示范活动由中国气象局、中国气象学会主办，陕西省气象局、陕西省气象学会承办，渭南市气象局、渭南市气象学会协办。活动得到了陕西省科协、农业厅、渭南市有关部门、澄城县政府的支持和协助。陕西省渭南市澄城县王庄镇水洼村的300多名农民参加了启动仪式。陕西澄城县水洼村是继安徽阜阳小岗村、贵州长顺白云山村之后气象部门联合农业、林业、科协开展的第三个农村气象科普试点村。

在启动仪式上，主办方向村农民代表赠送了气象灾害防御书籍、气象科普挂图、气象为农服务资料等精美图书和资料，受到

水洼村农民朋友的热烈欢迎。陕西省果业局郭民主研究员用地道的关中口音向农民生动讲解了如何利用气候资源促进果业生产、气象灾害防御常识和果业实用技术等问题，在座的农民聚精会神地边听边记。苹果种植是水洼村和邻近乡村的主业之一，郭民主是陕西省有名的果业专家，听说郭老师来讲课，邻村的村民也特意赶过来了。讲座结束后，农民朋友围着郭老师仍然问个不停，郭民主都耐心地逐一解答。活动结束后，专家们来到水洼村果业园，现场指导并回答了农民朋友关于果业生产的相关技术咨询。

在活动现场，陕西省气象台、气象科技服务中心、遥感中心、经济台、防雷中心、人影办等单位以及渭南市气象局、科协组织的气象科普知识图片展和科普大篷车也吸引了广大村民前来参观与咨询。

这次活动体现了几个特点：精心设计、组织得力，由国家级、省级、地市级与县级气象局四级联动、层层落实，整个活动取得了很好的效果；针对性强、满足农民需求，科技下乡重在实用，科普讲座和科普书籍满足了农民的需求，因而受到农民群众的真心欢迎；内容丰富、趣味性强，活动现场有科普知识、科普游戏和防雹火箭，引起农民的极大兴趣。

（三）2011 年农村气象科普活动走进河南南阳方城

2011 年 5 月 17 日，全国科技活动周"气象科普进农村"科技下乡活动在河南省方城县赵河镇泥岗村启动。

本次全国"气象科普进农村"活动由中国气象局、中国气象学会主办，中国气象局办公室、中国气象局应急减灾与公共服务司、中国气象局科技与气候变化司、中国气象学会秘书处、中国气象局公共气象服务中心、河南省气象局、河南省气象学会承办，中国气象报社、气象出版社、北京华风气象影视集团、南阳市气象局、方城县人民政府协办，是继安徽阜阳小岗村、贵州长顺白云山村、陕西渭南水洼村之后开展的第四次科技下乡活动。

启动仪式上，与会领导现场向方城县捐赠了气象科普读物。启动仪式结束后，与会人员现场参观了"坚持科学发展，走进低碳生活"展板和"农业气象灾害及其防御"挂图，气象部门工作人员现场进行了人工增雨炮弹发射演示。与会人员还先后来到位于赵河镇的方城县转变农业发展方式综合改革试验区、泥岗村文化大院和方城县新能源产业集聚区，实地察看了试验区太阳能提水灌溉抗旱系统、气象探测系统、农业科技示范气象服务站、泥

岗村科技图书室和产业集聚区多晶硅、风力发电、广宇太阳能等新兴产业。

　　农业生产与气象条件有着天然的、密不可分的关系，河南农业基本上仍是靠天吃饭的气候型农业，气象灾害对粮食产量影响极大。南阳是农业大市，地处南北气候过渡带，各种灾害性天气频繁，突发性重大气象灾害时有发生。方城是一个农业大县，位于南阳盆地东北缘，有"五界一口"之称，东北部是全国著名的九大隘口之一——方城垭口。特殊的地理位置和县情决定了方城在气候、水文和光热资源等方面具有明显的过渡性和多变性，决定了气象事业在服务农业、农村经济发展中有着举足轻重的作用，农村地区、农民朋友和农业生产都对气象工作有着特别的渴望和需求，搞好气象为农服务、普及气象科学防灾知识显得特别重要。

此次气象科普进农村活动，对于推动气象科技和信息服务向农村基层延伸普及，充分发挥气象科普在农业生产和防灾减灾中的重要作用，促进南阳粮食稳定增产、农业增效、农民增收和社会经济可持续发展都具有十分重要的意义。

（四）2012 年农村气象科普活动走进吉林榆树

2012 年 6 月 7 日，吉林省榆树市刘家镇政府大院彩旗飘飞、锣鼓喧天，村民们迎来了由中国气象局、中国气象学会主办，中国气象局公共气象服务中心、吉林省气象局、吉林省气象学会协办，长春市气象局、榆树市人民政府承办的"2012 年吉林省气象科普惠农"大型主题科普宣传活动，该活动真真切切地把防灾减灾、指导科学种田的气象科技知识送到了田间地头，交到了农民手中。

启动仪式上，主办方向刘家村村民代表赠送了气象科普书籍、资料和电脑。刘家镇农民代表表示，这几年有了炮弹和火箭，刘家村没有遭受冰雹灾害，准确及时的气象信息接连不断地发到农民朋友手里，带来了好的收成。

中国气象局、中国气象学会选定素有"天下第一粮仓"美誉的吉林省榆树市开展这项活动，旨在推进气象科技和信息服务向农村基层延伸普及，充分发挥气象科普在农业生产和防灾减灾中的重要作用。本次气象科普惠农活动得到了榆树市委、市政府的高度关注和鼎力支持，气象部门和当地 300 多人出席了启动仪式。

启动仪式结束后，与会人员现场观摩了火箭增雨和高炮防雹演示，参观了便民服务"三资"大厅，体会到了气象服务与粮食增产、农民增收、农业增效之间密不可分的必然联系。

在刘家镇中学，与会领导共同为吉林省青少年气象科普教育基地、校园气象站揭牌，并向学校师生赠送气象科普读物，参观了青少年气象科普教育基地和校园文化。在刘家镇的田间阡陌，农业气象专家认真查看苗情，为农民朋友们解答农业生产中的实际问题。

《人民日报》、新华社、《光明日报》、中央电视台、中新社、《农民日报》《吉林日报》、吉林卫视、吉林人民广播电台、《新文化报》《长春日报》、长春电视台、《长春晚报》、长春交通之声广播电台等中央、省、市级媒体记者对活动进行了全程采访报道。

（五）2013年农村气象科普活动走进湖北潜江

2013年6月14日，湖北省潜江市积玉口镇社区广场上艳阳高照、气氛热烈，由中国气象局、中国气象学会主办，中国气象局气象宣传与科普中心协办，湖北省气象局，潜江市政府、潜江市气象局承办的第五届"2013年气象科技下乡"大型主题活动在此举行，气象专家和农业技术人员联袂为当地群众送上了一份精彩的气象科技大餐。

　　中国气象局气象宣传与科普中心流动科普设施在活动中展出。在现场，村民冒着烈日，在地基观测系统、气象卫星等科普展品前模拟互动。图文并茂、简明易懂的气象科普展板和充满知识性、趣味性的气象宣传小册子深受现场观众的青睐。在积玉口镇中心学校，气象人员勉励学生争做"红领巾"气象信息员，为气象防灾减灾贡献一份力量。影响农业生产的气象因子有哪些？江汉平原有哪些气象灾害？针对这些问题，在积玉口镇就业培训大厅里，面向该镇 24 个行政村的支部书记、气象信息员，以及林业、水产、农技、畜牧等涉农部门的负责人，气象专家开展了一场具有针对性和实用性的气象知识讲座。

　　活动期间，召开了湖北气象科技惠农工作座谈会，来自吉林、浙江、重庆、湖北等地的气象部门深入交流了推进气象为农服务"两个体系"建设工作经验，河南方城县、湖北潜江市等地方政府有关负责人畅谈了气象服务"三农"工作取得的显著成绩和气象为农服务需求等。

　　作为 2013 年中国科技周的重要活动之一，本次"气象科技下乡"活动旨在搭建平台与载体，大力传播气象知识，推进气象科普进农村、进农家、进田间地头、实现气象科技信息向农村延伸，发挥气象科普工作在农村气象灾害防御中的重要作用。本次活动由中国气象局气象宣传与科普中心、中国气象学会秘书处、湖北省气象局、潜江市政府、潜江市气象局承办。中国气象局有关司（室）、气象宣传与科普中心、中国气象学会，湖北省人大、省委农办，省科技厅、农业厅，省科协等单位有关人员参加了活动。

　　自那以后，该省地方财政每年拨付 20 万元用于农村气象防灾减灾建设。

（六）2014 年农村气象科普活动走进山东青岛莱西

　　2014 年 5 月 22 日，中国气象局气象宣传与科普中心在青岛莱西市店埠镇政府广场举行了"气象科技下乡青岛行"活动启动仪式、专家咨询、科普展览、资料赠送等活动。气象部门组织气象专家在活动现场设置咨询台，解答观众有关气象方面的问题和疑惑；现场展出人影火箭发射装置、移动风廓线雷达、移动气象站等设施；在活动现场设置资料台，向观众赠阅发放《气象知识》专刊、科普图书、科普折页、农业技术推广等科普宣传资料。

此外，现场展出气象防灾减灾、应对气候变化、科技创新成果、科普宣传展板等，展板图文并茂、通俗易懂。莱西市科技局、

农业局等部门组织科技特派员、农业科技"110"专家和科技志愿者，现场解答观众有关农业科学技术、科学普及、知识产权方面的问题和疑惑。

22 日下午，气象科普惠农工作座谈会和流动气象科普展览进校园活动同时举行。座谈会上，特邀其他省市气象局作了为农气象服务工作经验交流，莱西市乡镇气象协理员代表作典型发言，青岛市气象局专家介绍农业气象技术研究与应用成果，各级、各部门领导畅谈了气象为农服务工作的重要作用以及对农业气象科技的迫切需求。

该活动为"2014 年科技活动周"气象部门组织的重点活动，旨在全方位开展农业气象科技和气象科学知识的普及传播，着力推进气象科普进农村、进农家、进田间地头，推进气象科普基础设施向基层延伸，提高农民气象科学文化素质和农业气象灾害防御水平。

（七）2015 年农村气象科普活动走进四川简阳

2015 年 6 月 1 日，由中国气象局、中国气象局气象宣传与科普中心、中国气象学会主办的气象科技惠农活动在四川省简阳市贾家镇菠萝村举行，标志着"2015 年气象科技下乡·四川简阳"活动正式启动。

"气象科技下乡·四川简阳"活动是 2015 年全国科技周的重要活动之一。活动认真贯彻落实中央"一号文件"精神，在创新气象为农服务机制的新形势下深入分析气象为农服务的新需求、新挑战，为有效增强农民应对气象灾害、依靠科技增产增收致富做出新贡献。此次活动在夏收夏种的关键时期举行，对于推动气象科技和信息服务向农村基层延伸普及、充分发挥气象科技在农业现代化和防灾减灾中的重要作用、促进四川农业气象服务体系和农村气象灾害防御体系建设具有十分重要的意义。

简阳市是"全国粮食生产先进县"和全省"三农"专项试点县，桃子、草莓等特色水果种植量大，但每年因暴雨、干旱等气象灾害造成的农业损失占农业生产总值的 6%～8%，农业对气象服务的需求日益增长。2014 年，贾家镇菠萝村为农服务示范站的建立使科技惠农工作的开展有基础、有需求、有应用、有成效，为推动简阳市农业从传统农业向现代农业转型做出了积极贡献。

与往年相比，2015 年的气象科普惠农科普活动内容更为丰富：邀请中国工程院陈联寿院士作科学报告；召开"气象科技惠农"

座谈会，探讨如何加强科普在气象科技惠农工作中的重要作用；组织气象专家进农村、进农家、进田间地头，与农民面对面探讨如何加强气象科技惠农工作。

（八）2016 年农村气象科普活动走进云南玉溪

2016 年 5 月 13 日，中国气象局、中国气象局气象宣传与科普中心、中国气象学会组织的气象科技下乡活动在云南省玉溪市大营街镇正式启动，内容包括农业气象专家咨询、气象科普展览、气象科普图书赠送、流动气象科普展览进校园等。中国气象局气

象科技下乡活动是气象部门普及农业气象科技和气象科学知识的重要平台。2016 年，中国气象局将该活动作为气象科普的一项品牌活动持续开展，并列为"防灾减灾日""科技活动周"的一项重点活动，旨在全方位开展农业气象科技和气象科学知识的普及传播，推进气象科普进农村、进农家、进田间地头，推进气象科普基础设施向基层延伸，提高农民气象科学文化素质和农业气象灾害防御水平。

活动现场设立了九大气象科技创新成果展区，内容涉及高原特色农业气象服务、人工影响天气、气象防灾减灾、应对气候变化等。活动组织方搭建咨询台，由专家现场解疑释惑；现场展出人工影响天气火箭发射装置、移动风廓线雷达、移动气象站等设施；现场设置资料台，向公众发放各类气象知识专刊、科普图书、科普折页、农业技术推广读本等科普宣传资料。

（九）2017 年农村气象科普活动走进山西临猗

2017 年 5 月 10 日，中国气象局、中国气象局气象宣传与科普中心、中国气象学会组织的"气象科技下乡·山西临猗"宣传科普活动启动仪式在临猗县南城会展中心举行，为临猗广大果农朋友送来了一份气象科普大餐。

本次活动由中国气象局、中国气象学会主办，中国气象局气象宣传与科普中心、山西省气象局、运城市人民政府承办，运城市气象局，临猗县委、县政府和临猗县气象局协办，是中国气象局 2017 年"气象科技活动周"系列活动之一。活动时间为 5 月 10—11 日，活动内容主要有气象主题宣传、气象为农服务现场观摩、专家讲堂、气象科技进校园、气象科技惠农工作座谈等。

运城市委、市政府高度重视气象工作，不断加大对气象工作的投入，基本建立了"政府主导、部门联动、社会参与"的气象防灾减灾机制，气象监测预报预警能力、防灾减灾能力、应对气

候变化能力进一步提升，在人工降水，预报暴雨、冰雹、大风、霜冻、低温冻害等方面发挥了重要作用，气象服务全市经济社会发展的能力明显增强，灾害天气农业生产和农民群众造成的损失明显降低。

启动仪式上，临猗县被授予"中国气象局标准化气象为农服务示范县"和"山西省科普教育基地"称号。

启动仪式结束后，与会领导和嘉宾依次参观了气象科技展区和位于临猗的运城农业气象试验站，详细了解了特色农业气象服务、人工影响天气、气象防灾减灾、应对气候变化等气象科普知识和基础设施建设情况。临猗县气象站设备先进、技术优良、监测预警及时准确，对全县乃至全市农业生产、保障人民群众生产生活发挥了重要作用。

随后，与会人员还深入到临猗县北景乡西里村苹果综合实验站、临猗现代苹果标准化示范区和北景乡东陈翟标准化炮点，实

地观摩基层气象为农服务成果，对该县气象局服务"三农"优异
成绩给予充分肯定。

（十）2018 年农村气象科普走进黑龙江五常

2018 年 7 月 10—11 日，中国气象局、中国气象局气象宣传与
科普中心、中国气象学会组织的气象科技下乡活动在黑龙江五常
市举行，这也是第 10 个气象科技下乡活动。此次活动，通过开展
气象科技惠农现场观摩、院士大讲堂、气象科技惠农工作座谈会

以及党政部门和种田大户围绕气象需求"现身说法"、先进省份交流经验和工作亮点等活动，旨在搭建气象科技惠农融合发展平台，推动气象科技创新和科普资源向乡村延伸品牌行动，创建科技、科普、宣传、政府、企业、农户"六位一体"的气象科技下乡活动新模式，助力基层唱好气象科技下乡"大戏"。

近年来，在国家、省、市气象部门的大力支持下，五常市气象监测预报预警、防灾减灾、应对气候变化能力不断提升，在暴雨、冰雹、大风、霜冻预报预警以及人工增雨、防雹等方面发挥了重要作用，为农业发展提供了重要保障。此次气象科技下乡活动在五常举办，是国家、省市气象部门为五常送来的一份气象科普大餐，更是让广大基层干部和群众了解气象知识、感受气象科技进步的一次难得机遇。

参加此次活动的代表先后参观了拉林现代农业科技园区和五常大米品牌企业。五常市气象局先后为两家现代化企业研发了智慧气象为农服务平台和先进的气象监测设施，确保了气象为农服务的精准化和针对性。

活动专门邀请中国工程院李泽椿院士作题为"气象灾害与公共安全、生态环境的关系"的报告，系统阐述了公共突发应急事件的种类及其特点，气象灾害给群众生活、经济发展、公共安全和生态环境造成的影响，立足预防、依靠科技切实做好监测预警以及防御对策思路等。对提升五常市基层党政干部科学应对自然灾害水平具有重要的指导性和有益启示。

热闹的活动之后，气象科技下乡给当地留下的不是一个句号，而是一个意味深长的省略号。气象科技下乡不仅成为普及传播农业气象科学知识的重要平台，也推动了农村气象科普与农业气象科技成果相结合。

（十一）2019 年农村气象科普走进内蒙古突泉

2019 年 6 月 1 日，由中国气象局、内蒙古自治区人民政府、科技部、国家民族事务委员会、农业农村部、国务院扶贫开发领导小组办公室、中国科学院、中国科学技术协会联合主办，中国气象局气象宣传与科普中心协办的"气象科技下乡暨科学伴我行——走进内蒙古突泉"活动在中国气象局定点帮扶县——内蒙古自治区兴安盟突泉县启动，通过一系列形式多样、群众喜闻乐见的活动，为当地公众送去知识、送上技能，以科技力量助推乡村振兴。

本次活动以"气象万千科技惠民"为主题，是第三届气象科

技活动周的重点内容之一,旨在深入贯彻习近平新时代中国特色社会主义思想特别是习近平总书记关于扶贫工作和科技创新重要论述精神,加强扶贫与扶智相结合,让脱贫具有可持续的内生动力。为进一步深化拓展活动内涵,本项活动为多部门联合举办,内容更加丰富、形式更加多样。

　　活动期间,来自中国气象局、农业农村部等单位的科普专家,分别围绕二十四节气、食品安全与影响、天体物理、极光等主题,为突泉群众和中小学生作科普报告。城乡居民和学生现场聆听,报告会同时进行了现场直播。小朋友们通过科普游戏、互动项目，体验科学魅力、感受科学精神，过一个承载科学梦想的"科技儿童节"。中国科协、中国科学院组织的科普大篷车、科学快车开进学校乡村，给当地公众送去知识、带去欢乐。为加快现代科技在贫困地区推广应用，活动期间，中国气象局、农业农村部、中国科协组织捐赠了科普图书和期刊 1.1 万余册、科普产品近 2000 套。

活动旨在探索科技助力稳定脱贫长效机制，发挥科技创新和科学普及在衔接产业扶贫、智力扶贫、创业扶贫，助力乡村振兴方面的可持续作用，把优质科普资源送进学校乡村，把先进适用技术送到田间地头，激发可持续脱贫的内生动力，夯实稳定脱贫基础。

第五章

农村气象科普工作的对策与展望

　　因各个时期经济环境不同，全球科普事业经历了科学普及、公众理解科学、科学传播三个阶段，伴随经济增长及科技水平迅速发展，无论是科普的文化内涵、工作理念、工作方法、表现手段都发生了质的飞跃。因此，对过去传统的农村气象科普科学传播手段需要改进，对未来农村气象科普发展要勇于畅想、勇于创新、丰富传播手段，面对未来农村气象科普工作新的挑战与机遇，气象科普工作者应肩负起职责使命，以全新的科学传播理念，研究、分析农村气象科普传播的内容、传播过程以及评估体系。展望农村气象科普未来，需要完善以下几个方面。

一、建立长效机制，巩固和推广科普成果

　　要以习近平新时代中国特色社会主义思想为指导，做好顶层设计与策划、制定农村气象科普长期规划，明确农村气象科普的主体和对象，根据农村气象服务需求，不断调整和丰富农村气象科普内容，建立农村气象科普运行机制，拓展农村科普形式及打造品牌，推动农村气象科普工作高质量、可持续发展。

（一）加强组织领导

　　积极争取各级党委、政府的支持，将农村气象科学素质提升行动的相关任务纳入本级乡村振兴有关规划。各地气象部门要高

度重视，因地制宜制定本地区的农村气象科学素质提升行动实施方案，进一步完善工作机制，加大政策支持。

（二）完善工作机制

各级气象部门要充分统筹协调本部门的相关资源，切实履行好农民气象科学素质提升工作责任，会同农业等相关部门，密切配合，形成合力，将各项工作任务落在实处。

（三）加大经费支持

各级气象部门要统筹使用好基层科普经费，加大对贫困地区和边境地区的倾斜力度，为农民气象科学素质提升工作提供经费保障。加强经费使用情况的绩效考评，确保专款专用和使用效果。通过众筹众包、项目共建、捐款捐赠、政府购买服务等方式，鼓励和吸引社会资本投入。

（四）营造社会氛围

注重挖掘、总结和宣传基层组织开展农民气象科学素质提升工和的好思路、好经验、好做法，认真总结推广经验，积极宣传并激励表彰有突出贡献的组织和个人。创新开展气象科学知识"三下乡"等各类农村特色气象科普活动，营造崇尚科学的良好氛围。

二、加强农村气象科普能力建设

调动气象和农业高校、农业科研单位、农技推广机构、农民专业合作社、农业龙头企业的积极性，为工作实施提供保障。

（一）着力推进农村重点群体气象科学素质教育

结合农时及时传播气象科学知识和灾害防御指南，充分发挥全国乡镇气象信息服务站、气象信息员的积极作用，引导农牧民合理利用气象气候知识科学种植养殖，帮助农民掌握和运用气象信息合理安排生产生活，推动先进气象科技知识和实用技术在农村的普及推广，提高农民依靠气象科技脱贫致富、发展生产和改善生活的能力。大力开展针对性强、务实有效的农业气象科技教育培训，逐步建立内容丰富、形式多样、适应需求的农村科学教育、宣传和培训体系。

（二）推动气象科普资源区域协调发展

提升气象科普服务均等化水平，加大力度支持边疆地区、贫困地区的气象科普设施、资源建设。以农民需求为导向，开展形式多样的农村气象科普活动，提高老少边穷地区气象防灾减灾救灾能力，帮助农民养成科学健康文明的生产生活习惯。加强民族地区气象科普工作队、宣传队建设，提高西部地区特别是边疆民族地区基层的气象科普能力，缩小地区差距。

（三）促进乡村气象科普设施融合地方建设

依托全国各地基层气象部门、农村中小学、村党员活动室、农村成人文化技术学校、文化站和有条件的乡镇企业、农村专业技术协会等农民合作组织，发展乡村气象科普活动场所。推进乡镇气象科普教育科普活动站、气象知识书屋、气象科普画廊等基层科普场所建设，利用气象台站、气象科普公园、气象科普活动室、科普宣传栏、流动科技馆等多种载体，面向农村开展贴近实际生产、生活的经常性气象科普活动，增强气象科技吸引力，提升农村气象科普服务效果。

（四）提升农村气象科普信息化服务水平

进一步发展基于"互联网+"的智慧农业气象服务，强化现有科普资源共享平台的落地应用。加强涵盖农村农业气象防灾减灾和气象科学知识的科普产品研发，创作研发一批技术创新、内容创新、形式创新的气象科普产品。充分利用我国农村经济气象信息网、智慧农业气象服务手机 APP 终端等，实现农村气象科普资源高效利用、信息充分共享。开展线上、线下相结合的农业气象科普知识培训，切实解决气象科普信息传输存在的盲区和滞后性。

（五）促进农村创新创业与气象科普结合

推进农业气象科研与农村气象科普的结合，在国家农业气象科技计划项目实施中进一步明确气象科普义务和要求，项目承担单位和科研人员要主动面向社会开展农业气象科普服务。促进农业创业与气象科普的结合，鼓励和引导众创空间等创新创业服务平台面向创业者和公众开展气象科普活动。推动农村气象科普场馆、科普机构等面向创新创业者开展气象科普服务。

三、 加快推进形成气象科普发挥先导性作用的创新工作格局

新时期的农村气象科普要有所作为，必须抓住机遇，本着与时俱进、求真务实的精神，坚持开拓创新。

（一）发挥气象科普前瞻性作用

加强气候监测和年景预测，服务各级政府农业农村发展决策。发挥前瞻性作用，为国家经济战略发展、重大活动提供气象趋势依据，提供通俗易懂的气象专业科普产品。

加强气候资源评估和开发利用，服务农业种植结构和产业结构调整。依据农业气候资源普查评估结果，研发通俗易懂的气象科普产品，将精细化动态农业气候区划研究成果向农民进行推广普及，帮助农民了解气候可行性和气象灾害风险性，为农业产业结构调整和区域开发、优良品种引进提供科技支撑，保障农村经济社会可持续发展。

（二）提升气象科普保障能力

加强组织领导，落实工作责任。推动气象科普工作纳入各地乡村振兴发展规划，纳入相关公共服务发展规划，纳入农村公共服务体系建设，纳入政府工作目标绩效考核。落实各级气象部门

的主体责任，确保农村气象科普有规划部署、有项目安排、有工作任务、有督察考核。落实各级气象业务服务机构的组织实施责任，确保农村气象科普有专人负责、有专项活动、有专题材料和内容。落实相关部门、媒体、社团、企业、学校的社会责任，实现农村气象科普多渠道、广覆盖、高质量。

加大财政投入，纳入政府购买目录。将基层气象科普工作纳入为农服务和防灾减灾相关工作，纳入基层政府乡村振兴方案。把农村气象科普经费纳入为农服务建设总体资金安排，逐步加大投入力度。将气象科普、共享数据资源等列为各级政府购买公共服务目录，利用政府购买的方式调动服务主体积极性，进一步探索建立政府购买气象科普为农服务的规范化实施流程和制度，将购买气象科普服务经费纳入地方财政预算。

加强宣传引导，加大科研投入。充分利用电视、广播、报纸、网络等媒体，加大气象科普对"气象为农服务"建设发挥重要意义、政策措施以及新进展、新经验的宣传。加大气象灾害防御科研投入，加快科技创新和成果转化，不断发挥气象科普工作在为农服务中的作用。

（三）加强部门合作，注重融入式发展

加强部门间合作，推动气象科普融入乡村振兴发展战略，积极举办气象部门主导，政府参与、部门联动，全社会积极配合、共同参与的气象科技乡下活动。

参考文献

陈东云，2001.中国农村科普研究［M］.北京：科学普及出版社.

董作宾，1943.殷文丁时卜辞中一旬间之气象纪录［J］.气象学报，17：1-4.

国家统计局，2020.中华人民共和国 2019 年国民经济和社会发展统计公报［R/OL］.（2020-02-28）［2020-09-30］.http：//www. stats. gov. cn/tjsj/zxfb/202002/ t20200228 _ 1728913. html.

胡启立，1986.在中国科协第三次全国代表大会上的讲话［J］.体育科学，3（6）：2.

景佳，韦强，马曙，廖景平，2011.科普活动的策划与组织实施［M］.武汉：华中科技大学出版社.

刘继芳，公坤后，等，2016."科普惠农兴村计划""十三五"发展研究［M］.北京：中国农业科学技术出版社.

任福君，2008.新中国科普政策的简要回顾［N］.大众科技报，2008-12-16.

宋珊，2016.科普人员工作中的"心理学"运用［J］.祖国（18）：64.

孙中山，2005.上李鸿章书［Z/OL］.（2005-03-10）［2020-09-30］.http：//news. southcn. com/community/shzt/sunys/paper/200503100561. htm.

汪堃（樗园退叟），1875 年（清光绪元年）.盾鼻随闻录：卷五及卷八［M］.不惧无闷斋刻本.

王雄，2018.精准脱贫与乡村振兴——农业农村干部培训读本［M］.咸阳：西北农林科技大学出版社.

温克刚，2004.中国气象史［M］.北京：气象出版社.

肖金香，穆彪，胡飞，2009.农业气象学［M］.第 2 版.北京：高等教育出版社.

中国气象学会，2008.中国气象史［M］.上海：上海交通大学出版社.

中华人民共和国农业部，2017.2017 中国农业发展报告［M］.北京：中国农业出版社.

附录

农村气象科普示范与辐射效应

科普示范是农村科普工作的重要内容之一。要通过培育科普示范，推广在科普工作中积累的典型经验，强化示范和辐射效应，扩大科普活动的受益面。

科普示范是一种直接、最现实的集宣传、培训、生产于一身的推广模式，可为农民提供直观的、开放的示范场所，有利于提高农民学科学、用科学的意识，增强新技术、新成果推广应用效果。

随着科学技术对农业生产、农村经济社会发展影响的日益增强，农村科普示范活动越来越得到农民群众的欢迎。

随着经济社会不断发展，气象为农服务的重要性、必要性和紧迫性日益凸显。以德清全国新农村建设气象工作示范县为样板，气象科普充分发挥基础性、先导性和桥梁作用，助推了现代气象为农服务体系建设。

2008—2010 年，按照中国气象局"力争用三年的时间将浙江省德清县培育打造创建为全国新农村建设气象为农服务示范县"的部署，德清县积极先行先试。德清县气象局成立了气象为农服务示范县建设的领导小组，制定了创建方案，紧紧围绕"一体系、二工程、三服务"①的总体目标，在构建基层气象为农服务工作体系、提升气象社会化管理水平、深化气象服务内涵、推进现代气象业务体系向农村延伸等方面进行了积极探索与实践。在浙江德清为农服务示范带动和辐射影响下，中国气象局公共气象服务中心先后在河南省的鹤壁和南阳举办"农村气象防灾减灾最后一公里""气象科技下乡"科普活动，发挥了科普示范辐射推广作用，在为农气象服务方面凸显成效。下面介绍浙江德清的示范经验，以及河南鹤壁、南阳示范体现的辐射效应。

---

① 一体系、二工程、三服务：建设农村新型气象工作体系，实施农村气象防灾减灾和信息进村入户两项工程，创新气象为农民服务、为农业经济服务、为新农村建设服务模式。

案例一：德清示范经验

一、基层气象工作体系建设

（一）基层气象为农服务工作体系建设

按照"政府统一领导、气象业务主管、部门乡村参与"的原则，建立"组织健全、预案科学、服务均等、能力提升、强化管理、科普培训、政府考核、保障有力"的基层新型气象工作体系。

德清县政府成立了气象灾害防御工作领导小组，会同县政府应急办、防汛抗旱指挥部一起负责全县气象灾害防御应对和管理。其中，领导小组由分管县长任组长，31 个职能部门为成员单位，并在气象局设立气象灾害防御工作领导小组办公室、防雷减灾管理办公室、人工影响天气办公室。

领导小组统筹协调，针对以往气象灾害应急管理在广度、深度、力度等方面"捉襟见肘"这一现象，以及气象灾害的复杂性、多发性、衍生性、叠加性、极端性等特点，可以在最短的时间内全面启动气象灾害防御体系运行机制，完善应急联动、资源共享、防灾行为、保障措施等体系要素，强化多部门联动，改变了以往气象防灾减灾"兵来将挡、水来土掩"式的应急管理和"各自为战、零敲碎打"的应对方式。

建立了水利气象防汛预警平台，实现信息资源共享；县气象与安监局联合发文，启动大型矿山企业安全生产气象预警信息"大喇叭"发布系统建设；气象与国土部门联合发布地质灾害预警预报；15 个成员单位纳入突发公共事件预警信息发布平台，明确了 31 个成员单位的工作职责，建立了应急联系人队伍和联络制度。

将气象部门网络延伸到农村最基层，做到乡乡有气象为农服务工作站，村村有气象协理员。全县 12 个乡镇（开发区）全部按照"五有"标准①建立了气象工作站，明确乡镇气象分管领导，配备专人负责气象工作站运行，设置了乡镇气象服务窗口；每个气象灾害防御示范村都建立了气象与农网信息服务站，设置了村气象服务窗口，配备大学生村官气象联络员。全县建成 267 人的气象协理员队伍，在气象防灾减灾和新农村建设服务中发挥了重要作用。

（二）加强预案科学管理，推进气象灾害"数字预案"建设

多年来，德清不断完善"县、乡、村"三级预案建设，《气象灾害应急预案》《雷电灾害应急救援预案》《雨雪冰冻应急救援预案》等相继出台并纳入县政府公共事件应急体系。各乡镇、气象灾害防御示范村也出台了气象灾害应急响应预案，实现"视频会商系统到乡（村），应急预案延伸到村，预警广播覆盖到户"。同时，针对文本预案普遍存在的缺点和不足，德清县气象局在充分调研和专家咨询的基础上，提出并启动建设气象灾害"数字预案"，内容包括信息数据库系统、数字预案系统、信息图像接入系统、气象专题功能、三维可视化系统、移动应急平台等，从而实现"管理科学化、应对快捷化、处置智能化、服务人性化"的气象灾害防御新模式。德清还积极健全气象灾害预评估制度，为气象防灾减灾决策和应急管理提供科学依据；积极推进气象灾害应急准备工作认证，提高基层单位应急准备水平。

（三）推进基本公共气象服务，落实服务均等化政策

落实基本公共气象服务均等化政策，围绕"覆盖城乡、区域均衡、全民共享"这一目标，为百姓提供最贴心、最优质的气象服务。推进气象服务均等化可以从三个方面来理解：一是气象服

---

① 乡镇气象工作站五有标准：有人员、有场所、有装备、有职能、有考核。

务属于基本公共服务体系，城乡居民享有服务机会应该均等；二是由于公共信息服务地区不平衡，农村是气象信息传播的薄弱点，推进气象服务均等化，要大力强化气象服务能力建设，完善农村监测网，建设和完善气象信息播发设施；三是在为城乡居民开展气象服务的同时，尊重其自由选择权，根据城乡不同需求，开展有针对性的气象服务，普及气象知识，提高应用能力。

（四）加强气象科普教育，提升基层气象应用能力

气象科普是提升公众气象应用能力的有效手段。农村现状决定了气象知识传播普及十分必要，只有全面推进气象科普工作，才能更好地促进公众理解气象科技，掌握气象知识，提高应用能力，在对新农村建设和灾害防御中发挥积极作用。气象科普的群体呈现多元化特点，因此，要根据不同群体通过多种渠道、多种形式、多种载体，开展有针对性、有特色化的科普工作，不断提高气象科普的覆盖面。

德清开展气象科普工作非常重视科普基地、科普活动、科普培训、科普载体、科普管理的有机结合。自 2008 年以来，该县实施了"百村万户"气象培训工程，为 166 个行政村，5000 多户农业大户开展灾害防御和电子商务培训，还多次开展了对乡镇气象分管领导、气象协理员等的培训。在科普工作中，电视、网络、报纸、广播等载体发挥了积极作用，电视气象专题节目、网上科普馆、报纸气象专版、新农村气象广播专题节目受到公众欢迎。

（五）落实公共财政保障，确保气象事业稳定协调发展

基层气象事业发展离不开地方政府财政支持。争取落实阶段主要是抓住发展机遇积极落实和争取，地方财政对气象事业投入逐年增加。稳步推进阶段通过狠抓气象基础设施和气象现代化建设，实施气象防灾减灾项目，做到有为才有位，气象工作受到了

党委政府的高度重视和大力支持，地方财政投入稳步增长。与此同时，积极与财政部门沟通，落实预算，把地方财政保障纳入规范化管理。规范运行阶段主要是加强综合预算，完善气象公共财政保障体系。自 2005 年起，德清县气象局开始编制部门综合预算，通盘考虑新农村建设气象服务、公共气象、应急体系建设、社会化管理等财政保障工作。通过综合预算的规范运行，公共财政保障体系得到了进一步完善，地方公共财政保障稳步增长。

（六）落实政府考核机制，推进农村防灾减灾工作

德清通过积极努力，逐渐把气象考核纳入政府防灾考核体系中，推动了政府考核机制的落实。将气象灾害防御和预警信息进村入户纳入政府年度"三农"考核，同时细化乡镇灾害防御和信息进村入户考核标准。将气象防灾减灾纳入新农村"和美家园"建设工作职责，防雷减灾工作也纳入全县各乡镇公共安全考核。此外，还将科普工作纳入气象灾害防御示范村创建、应急准备工作认证以及乡镇气象工作考核内容。

二、提升气象为农服务水平

随着新农村建设的不断推进，农业结构的不断调整，传统农业正逐渐向生态农业、设施农业、精准农业等现代农业方向发展，气象为农服务不再是传统的"农业气象"服务，而是内容更全面、内涵更丰富的现代农业气象服务。面对气象为农服务现状和存在问题，需要进一步转变服务理念，丰富服务产品，提升服务内涵，强化服务措施。

（一）强化基层气象为农服务理念

紧紧围绕"需求牵引、服务引领"原则开展气象为农服务：一是农业产业结构调查、气象服务需求调查是开展有针对性和多样性气象服务的前提，因此，需要通过各种方式、各种渠道充分

了解服务需求；二是根据需求调查结果，不断开拓服务渠道，扩大服务覆盖面，开发有针对性的气象服务产品；三是积极开展服务满意度调查和效益评估，定期组织开展气象服务公众满意度调查，每次重大服务过程结束后进行样本满意度调查和效益评估，开展专业用户年终服务效益调查统计等；四是建立综合服务能力综合评价机制和气象服务综合考核机制，并实行适当的奖励机制，提高气象服务人员积极性和能动性；五是结合满意度调查、效益评估、综合能力评价和气象服务考核，定期开展对服务产品和服务方式的研讨，不断完善现有服务产品，提高服务水平，提升服务内涵。

(二) 推进基本公共气象服务均等化

以德清示范县为例，基本公共气象服务体系包括组织管理网络建设，推进基层气象灾害应急行动计划，建立基层气象应急响应机制，逐步实施气象灾害防御规划，开展气象灾害应急准备认证工作，大力推进气象灾害防御标准化乡镇建设。提升基本公共气象服务能力，包括增强农村气象灾害监测能力，完善公共气象服务产品体系，推进气象信息"进村入户"等。提高公共气象服务社会应用水平包括实施"百村万户"气象知识培训计划，开展"气象科技下乡"农村科普活动，推进公共气象服务信息接收与应用普及化，提高气象信息的社会应用能力。

(三) 坚持气象"三延伸"，创新气象为农服务模式

德清在气象为农服务示范县创建过程中，始终坚持气象"三延伸"①，大力推进农村新型气象为农服务工作体系建设，强化农村气象灾害防御管理，推进城乡基本公共气象服务均等化，创新气象为新农村建设服务模式，进一步发挥了气象服务在新农村建

---

① 气象"三延伸"：气象业务体系向农村延伸，气象应急管理体系向农村延伸，公共气象服务向农村延伸。

设中的职能和作用。通过实践与探索得出结论，在气候变化的背景下，随着经济社会发展和新农村建设的推进，气象为农服务领域越来越广，要求越来越高，责任越来越大。做好农业、农村防灾减灾抗灾工作，迫切需要强化气象监测预警和应急能力，完善农村气象防灾减灾体系；深化农业产业结构调整，发展节约型农业、循环农业、生态农业，迫切需要充分挖掘气候资源生产潜力，增强农业应对气候变化的能力；发展现代农业和农业主导产业，迫切需要发展农业气象适用技术，丰富农业气象服务产品；推进城乡基本公共服务均等化，迫切需要完善农村公共气象服务体系，扩大农村气象服务的覆盖面。

（四）开发特色服务产品，提升气象服务内涵

德清素有"鱼米之乡、丝绸之府、竹茶之地"的美誉，传统农业以粮、桑为主。改革开放后，水产、畜禽、花卉苗木、笋竹、茶叶逐步上升为主导产业，特别是近年来，节水农业、设施农业、都市农业、生态农业等发展迅速。针对这一现状，德清积极开展特色农业气象监测，不断提升气象服务能力。建设生态环境监测站，为生态环境评估、气候资源开发利用提供数据；建设山区立体气候站，对开展山区立体精细化气候资源评估、茶叶等特色产业气象服务等具有重要意义；建设土壤墒情观测系统，对农业干旱动态监测评估、节水农业灌溉等具有重要意义；建立农业小气候观测基地，实现多类型、多要素自动和对比观测，为设施农业小气候气象要素预报、气象灾害指标、气象灾害防御等提供科学依据和研究基地。针对该县农业产业结构和农户的实际需求，开发常规气象预报与气候服务、气象监测、突发性天气预警、决策服务、灾害防御管理、粮油、茶叶、蚕桑、特种水产养殖、畜牧、花卉苗木、设施农业、敏感行业、农村防雷等15大类75种气象服务产品。农户可以根据实际需要，选择适合的产品，比如花卉苗

木喷滴灌指数预报、特种鱼类出血病预警、鱼嚎指数预报、设施农业气候适应性区划、春茶开采期积温指标及开采期专项预报等产品在指导农户科学生产方面大有裨益。

(五) 贴心优质气象服务使农民真正得到实惠

充分发挥新媒体、气象科普对为农服务的延伸作用，利用农村广播、电视气象、手机短信、突发平台、气象信箱、电子屏等多渠道传播气象信息，受众人群达 35 万人；实施"百村万户"农村气象培训计划，共培训乡镇干部、气象协理员、行政村主任、大学生村官、农业大户等 5000 余人；开发农村远程教育"气象视频"课件 80 个，在乡村建立 24 个"信息早市"窗；开展科技下乡活动，向农民赠送各类气象科技图书 830 册，科技资料 6000 余份，受益农民达 2 万人次，农民接收气象信息和应用气象能力得到大大提高。结合德清新农村"中国和美家园"建设，设立 20 个防雷示范村，为 300 位农民免费发放《农村住宅防雷装置技术方案图集》，在雷电灾害易发区设置避雷塔（亭）18 个，防雷警示牌 250 块，确立 200 个防雷示范户。发放 200 张农业大户服务联系卡，推广应用气象服务产品。建立"农业电脑"旱涝分析和 100 多种农业气象指标查询系统，德清农网开设"网上创业园"，建立 500 个"农民网页"，建立农民网上交易平台，农产品年交易额达到 5000 万元以上，农民真正得到了实惠。

三、加强农村气象科普，提高气象应用能力

气象工作涉及国民经济的方方面面，气象科普是气象科技联系经济社会发展和人民生产生活的重要纽带，也是科学防灾减灾、最大程度减少灾害损失不可或缺的重要途径。推进农村气象科普是贯彻落实中国气象局加强为新农村建设服务的具体体现，对于促进公众理解气象科技，提高应用能力，有效解决农村气象科普

缺失状况，满足广大农民对气象科普的需求都具有重要意义。

（一）开展气象科普工作的原则和着力点

在开展气象科普工作时，要坚持以人为本、科学发展，让人民群众得到实实在在的好处；要坚持气象主管、部门合作配合，推动防灾体系的建立和完善；要坚持因地制宜，突出特色，创新气象科普为新农村建设服务的方式；要坚持明确目标，阶段实施，着重向农村延伸，破解科普"最后一公里"难题。

（二）强化管理，促进科普基地规范化建设

近年来，德清积极开展科普基地建设并充分发挥其辐射作用。制定科普工作长远规划和年度计划，把科普工作作为重要工作进行部署，并纳入目标管理项目抓好抓实。德清气象局专门成立了科普领导小组和科普办公室，由气象局主要领导担任组长，选派有组织能力和科技创新能力的同志负责抓全面工作。全县建立了4个气象科普基地，10个气象科普示范村，24个"信息早市"科普宣传窗，2个社区气象科普长廊。完善了《气象科普基地管理办法》等6项规章制度，明确了工作任务和保障措施，凡是重要科普活动，均制定活动方案，做到事事有人管、件件有落实，确保气象科普工作稳定、健康发展。

（三）健全网络，发挥协理员的重要作用

德清不断健全农村气象科普网络，建立了一支基层气象协理员队伍，协助气象工作者共同做好农村气象科普工作。建立气象科普考核培训机制，将气象科普工作纳入县政府对乡镇农口工作年度目标考核，并作为乡镇、村、农业企业等单位申报气象灾害应急准备认证达标的必备条件进行认定考核。充分发挥协理员在农村气象科普工作中的重要作用，通过让协理员共同参与气象局组织的信息下乡活动，气象人员和协理员与广大农民形成一对一的专项服务，定期更新乡镇（村）"信息早市"科普窗，使气象协

理员成为气象预警信息的传递员，气象灾害信息的收集员，防雷安全的协助管理员，气象服务需求的反馈员，气象科普信息的传播员。

（四）更新形式，开展丰富多彩的重大主题活动

在"3·23"世界气象日、"5·12"全国防灾减灾日、"12·4"法制宣传日、"科技活动周"和"安全生产月"等活动中，积极组织广大气象科技工作者开展多种形式的科普宣传工作。例如，在每年世界气象日，针对领导干部提高决策科学化和领导现代化建设的能力，围绕当年世界气象日主题举行座谈会，向出席会议的县领导干部宣传气象；组织气象工作人员在繁华路段设点开展图板展示、社会调查问卷、发放气象资料和气象知识咨询等科普宣传活动；县气象台、站、影视演播厅等向社会公众开放；举办"寻找春天的足迹"征文比赛、"气象杯"摄影展和改革开放30周年、建站50周年气象成就图片展，现场开展学生自编自唱《气象歌》、气象知识有奖竞赛、多彩的水笔描绘观测场、放映气候变暖纪录片《难以忽视的真相》等多种活动。这些活动响大、效果好，在当地掀起了前所未有的"科普热"。

（五）拓展领域，媒体网络为科普提供广阔空间

电视气象节目每日讲述一个科普内容，科学引导全社会了解和应用气象。开设新农村气象服务电视专题节目，每晚两次在当地电视台介绍气象科普、农事建议，成为农民朋友安排农事的"参考书"。同时，在每次大型活动期间，都做到电视台和报纸上有专题报道，并与县电视台联合举办多期"农村互联网"电视气象专题论坛栏目。创办了《气象半月谈》电视气象访谈节目。在德清气象网开辟了气象工作、气象科普等18个栏目，开通"在线视频"，日点击率近5000人次。建立了农村广播直播系统，气象科普知识通过农村有线广播、调频广播电台、网络在线视听三

管齐下进村入户。积极推广气象预警电子屏下村、入企、进社区，已建立农村气象预警电子屏 67 个，服务受众面达 35 万人。成功开发"96121"电话"天气实况"实时报告软件，开设"农业气象""气象综合信息"专栏和气象科普知识 100 个信箱，定期更新信息。

（六）创新载体，拓宽农村气象科普阵地

德清农网自 2000 年 8 月开通以来，始终坚持有针对性地为农民、专业大户、农业龙头企业等提供各类科技信息，每年精心组织全县农业龙头企业参展浙江网上农博会，多次开展送电脑下乡活动，开通了农作物农业气象指标查询系统，建立了现代农业"网上创业园"。据不完全统计，德清农网每年发布各类信息近 4 万条，农产品年成交额在 5000 万元以上，成为农民致富的桥梁。德清气象局先后出资十余万元，为德清"竺可桢"业余气象学校建造了标准化的气象观测点，气象科技人员担任校外辅导员，并定期实地指导学生记录气象数据和物候现象。学校还出版了《竺可桢气象学校校本教材》，各类活动报告和小论文等获国家级、省级奖项 10 余次。此外，当地与浙江大学理工学院签订了长期合作协议，在德清气象观测站建立全省县（市）区首家大气科学实习教育基地，已接待暑期浙大实习生 5 批近 70 人次。德清还深入开展气象科普进社区、进企业、进农业生态园区等活动。为社区制作气象科普宣传图板，开展气象灾害应急避险科普宣传。在人员密集场所设置公共服务信息发布大型电子显示屏，普及气象灾害防御知识。结合企业发展需求，组织优秀气象科技人员开展进企、联村、联户、联项目活动。同时，开展科普旅游活动，在德清县雷甸杨墩休闲农庄内建立的农业生态气象监测站，除了为农业生产提供科技保障服务外，更成为农庄内的乡村科普线路。

案例二：河南省鹤壁市体现辐射效应

一、气象科普理念

多年来，在中国气象局、河南省气象局和各级政府的指导和支持下，鹤壁市气象局秉承充分发挥气象科普在公共气象服务中的基础性、先导性、前瞻性作用的理念，以不断满足气象服务需求，特别是气象为农服务需求为目标，将气象科普工作与气象业务工作深度融合，探索出了一条特色化的气象科普之路，并助推建立了气象为农服务"鹤壁模式"。

二、气象科普活动策划与实施

以满足气象为农服务需求为导向，鹤壁市气象局将气象科普融入气象为农服务体系建设，认真组织策划与实施，取得了明显成效。

（一）主导思路

主导思路上突出了四条主线，一是突出政府主导，营造政策环境；二是突出上级支持，提升为农服务能力；三是气象科普发挥推动作用；四是突出部门联动和社会参与。

（二）工作理念

发挥先导性，充分发挥科普的先导性作用，带动各项工作；注重科技应用，强调科研成果的推广和应用。

注重专业性，普及气象科学相关知识，注重专业性标准，注重通俗易懂。

突出针对性，针对农业决策者、管理者和生产者普及气象科学知识，为农业生产提供支撑。

服务全过程，气象科普和气象科技应用全面融入农业生产、防灾减灾各环节。

分步骤实施，按照气象科普总体规划分步实施。

（三）工作思路

抓住关键点：发挥政府职能，注重科普、气象科技引领。

强化支撑点：坚持依托气象业务，实现气象科普融入公共气象服务。

选好切入点：科普先导，夯实气象为农服务"两个体系"基础。

找准结合点：融入全面素质教育，实现气象科普社会化发展。

瞄准突破点：通过科普带动，助推气象为农服务工作全面发展。

（四）主抓重点

六个方面的主抓重点：

- 气象科普先导，架起政府部门合作桥梁；
- 加强气象信息员培训教育；
- 重视气象科技成果推广与应用；
- 气象科普带动气象业务、服务能力提升；
- 培育引进高层次科研项目；
- 提高社会影响力和经济效益。

（五）鹤壁气象为农服务体系三个发展过程

1. 初期——气象科普先导，架起政府部门合作桥梁

2009年9月24—25日，河南鹤壁召开了以"农村防灾减灾科普'最后一公里'"为主题的农村气象科普工作座谈会。现场还开展了赠书、大喇叭气象信息展等活动，出席座谈会的有农业部信息中心、中国气象局办公室、中国气象局减灾司、气象出版社、中国气象学会、华风气象传媒集团的有关负责人和专家，以及内蒙古、浙江、安徽、河南、四川、贵州、宁夏等省（自治区）气

象局分管气象科普工作的有关负责人。

活动策划内容包括以下七个方面：

- 发挥大学生村官作用，当好气象信息员；
- 实现科普信息化传播、发挥大喇叭作用；
- 河南省农业气象科研成果的应用；
- 引进浙江德清经验；
- 加强农村防灾减灾"最后一公里"教育；
- 邀请政府各相关部门加强合作；
- 七个省份的学习与交流。

2. 中期——推动气象信息员队伍人才能力建设

（1）加强气象信息员培训教育

首创"大学生村官"模式，发展供销、水利、邮电、涉农企业、农业合作社、益农社、种养殖大户等部门和社会力量加入到气象为农服务科普队伍中。

鹤壁市通过"信息员培训""阳光工程培训""农业技术员""科技下乡"等各种方式共培训 60 余批次，累计培训人员 1 万多人次。

（2）重视科技成果推广与应用

- 推广农业干旱遥感监测与灌溉需水量估算技术；
- 推广小麦长势卫星遥感监测技术；
- 推广农业干旱综合防御技术。

（3）科普带动业务服务能力提升

一是以服务需求为引领，加强气象科普及气象信息员培训，调整业务布局，完善监测网络、服务减灾、产品研发和技术保障等各项工作。

二是加强现代农业气象科技示范园引领作用，观测、试验、服务于一体，气象信息服务是其中重要职责。目前全省 100 多个现代农业气象科技示范园发挥示范带动作用，进行科普展示是科技示范园的重要职能。

三是科研积累转化为业务服务能力：多项国家级和省部级科研项目成果进行转化，形成了格点化土壤水分和干旱预报、冬小麦干旱风险动态评估、小麦晚霜冻监测评估、基于"风云三号"（FY-3）卫星资料的农业干旱监测评估、作物动态产量预报等业务，并发布服务产品。

四是拓展服务方式、拓宽服务渠道，开展直通式无缝隙服务。

（4）培育引进高层次科研项目

省部共建"农业气象保障与应用技术重点开放实验室"。

3.末期——气象科普活动推动示范辐射取得成效

鹤壁市气象局2009—2016年气象科普活动示范成果体现在三方面：

1.鹤壁市气象局

- 业务能力、服务能力全面提升；
- 国家、省级科研项目注入；
- 人才队伍发展和提升；
- 地方财政经费给予支持。

2.气象信息员

- 推进了气象信息员的培训；
- 得到当地政府的财政支持。

3.社会影响力

- 推进鹤壁市整建制推进粮食高产创建"全国粮食生产先进市"；
- 鹤壁市气象为农服务成为地方政府的一个品牌和窗口；
- 河南省政府授予鹤壁市"粮食示范市"称号。

三、气象科普工作经验和辐射效应

（一）鹤壁气象科普经验

1.重视气象科普工作

有分管领导与专人负责，将气象科普工作列入单位日常工作计划和年度考核目标；成立了科普教育基地领导小组，充实了科普教育基地工作人员队伍，建立了一支政治强、业务精、作风正、素养好的专兼职辅导员和管理队伍，明确了责任分工；建立健全了科普教育工作制度，并制定了一整套完备的宣传、工作措施，做到了年初有计划、年终有总结。

2.有固定科普活动场所

在保证基本活动场所——气象观测场和多功能活动室的基础上，又将市气象综合业务会商室、市气象影视中心和市气象科普宣传文化走廊纳入科技教育基地范围，进一步拓宽了科技教育基地范畴，使前来参观的学生活动空间更大，并能了解到更多科普知识。

3.科普活动特色鲜明，科普工作成效显著，社会影响力较大

（1）认真接待来访的青少年学生。自成立以来，科普教育基地实行全天候免费开放，先后接待了2000余名中小学生参观学习。组织学生实地参观自动气象站和科普走廊等，并采用幻灯片等形式给同学们讲解了气象、天文、地理等自然科学知识，以及面对自然灾害开展综合防灾减灾的基本知识，受到广大师生的一致好评。

（2）积极加大"送出去"宣传力力度，多次组织人员深入全市中小学校开展气象科普知识宣传。每年，科普教育基地都邀请专家为全市青少年进行3～4次防雷、天气预报、气象科技服务等方面的科普教育。

（3）专家预报员科普进社区。市气象台专家预报员走进社区，

为社区居民举办生动的气象科普讲座。

（4）有一定经费保障。逐年加大科普教育基地建设投入力度，在保证青少年活动专项经费的同时，进一步增加了科普教育活动经费，制作了专门防雷、天气预报、人工影响天气、气象科技服务、综合防灾减灾等知识的宣传展板，添置了投影仪、笔记本、数码相机等宣传用品，强化了基地配套设施建设。

（二）示范和辐射效应

在 2009 年气象科普活动的带动下，鹤壁市气象局不断推动各项工作高质量发展。鹤壁市气象局紧紧围绕地方经济发展需求，以规范管理争先晋位为目标，优化气象服务，高度关注民生，推动农村气象科普工作。结合气象工作实际，积极开展文明单位创建活动，走出了一条独具特色的文明单位创建之路，以文明单位创建为契机，把为地方经济建设服务做出新贡献作为推进单位文明建设的着力点和出发点，开拓创新，狠抓业务服务，不断提高气象服务水平。

气象科普工作在鹤壁市全国粮食高产示范市、全国农业农村信息化示范市、全国农业标准化示范市、全国质量强市的创建过程中发挥了重要作用，鹤壁市气象局先后被授予"粮食高产创建先进单位""全国质量强市创建突出贡献单位"等称号，气象科技已成为鹤壁农业新技术的突出代表。

在气象科普助力下，鹤壁气象为农服务工作迈上了直通式、全覆盖、专业化、规模化、信息化的台阶，为当地农业生产发展做出了突出贡献，取得了显著的社会和经济效益，受到各级领导和广大人民群众的高度赞扬，引起了媒体高度关注。

《人民日报》《河南日报》《中国气象报》《鹤壁日报》等多家中央、省、市主流媒体、报刊，多次刊登介绍鹤壁气象为农服务和气象示范市建设的宣传文章，在社会上产生较大影响、引起强烈反响。

案例三：河南省南阳市体现辐射效应

一、气象科普理念

2010—2017 年，河南省南阳市气象局以德清示范效应为引领，通过分析新形势下"三农"对气象服务的需求以及气候变化对农业生产的影响，结合南阳气候、农业发展实际状况，提出了南阳市气象为农服务社会化的发展理念。

南阳市气象局强化"政府主导、部门联动、社会参与"的工作机制，围绕经济社会发展需求，气象科普发挥先导性、基础性、前瞻性作用，气象科普在农村气象服务中不断拓展和延伸，架起政府部门合作桥梁，不断提升为农服务能力，利用气象装备和互联网技术，统筹社会资源，融合发展，搭建平台，细化产品，丰富方式，使气象服务直通"三农"沃土，为粮食增产、农民增收、生活水平提升发挥重要的技术支撑和基础保障作用，应用农业气象科技推动乡村镇兴发展，打造农村气象科普活动品牌，营造社会影响力与经济效益，为南阳市全面建成小康社会做出积极贡献。

二、气象科普助力推动为农服务能力提升

1. 借力大数据打造精细化服务产品

联合农业部门，对作物生长受光、温、水、土壤、肥力的影响进行调研评估，细化了符合当地实际的农业气象服务方案和产品。

建立了冬小麦、玉米、果蔬专业气象服务工作日历，为实施气象为农服务提供了"日程表"。

细化各类农业气象服务产品，主要有农业气象服务信息，包括旬报、月报、节气报、专题分析；农业气象灾害监测评估，主要为农业气象干旱监测报；农业气象预报，包括农用天气预报、

作物产量与品质预报、发育期预报；遥感监测，包括苗情墒情监测、火点监测；农业气象专题，包括春播春种、秋收秋种；农业气象专报。

2.利用大数据细化服务指标

根据近30年来的气象资料统计，与农业、质监等部门根据不同作物调查整理出服务指标和标准，与畜牧部门合作制定了种猪、黄牛等生长发育受气象影响指标，建立了指标库，研发出针对小麦、玉米、烟叶、山茱萸、香菇、果蔬、仓储、养殖等产业一键式服务平台系统。市县气象部门利用这些指标体系，开展了全程化的大宗作物和设施农业气象服务。

3.优化平台丰富服务内容

采用最新科技成果，优化了农业气象业务服务平台，与农业生产实际高度契合。使用多媒体传输终端、3G/4G通信进行信息传输，通过集约创新，实现数据传输、信息发布的无线传输，提高了服务效率，节约了人力物力。建设了气象服务一键通发布系统、气象服务微基站。目前已建成南阳市气象信息综合服务平台、星陆双基平台、气象信息员平台、决策气象服务平台、农情信息监控平台、气象信息预警发布平台、农业气象服务平台、中小学气象科普平台、社区企业气象要素预警平台等，对全市气象信息员、信息服务站、有关企事业单位、试点农村和社区实现服务直通。

4.发挥气象装备及服务平台作用，融入百姓日常生活

探索基层气象防灾减灾综合服务新模式，开展了气象防灾减灾示范社区建设。通过互联网、无线集成传输终端开展服务，方便快捷发布实时农业气象服务产品，综合运用社区预警大喇叭、电子显示屏等设备，开展便民服务，让气象参与群众日常生活。

5.培育气象为农服务承接主体，推动社会融合发展

积极与"三农"或涉农的各类基层社会组织、社会团体和企

事业单位签订了气象服务/气象科普宣传协议，筹备成立气象服务协会，细化各自的职责，将气象服务融入基层组织职能实施或生产发展中。比如与广电公司签订服务合同，利用有线电视向用户发布气象预警信息和农用天气预报，开拓新渠道进家入户。与河南农业大学青年志愿团合作，在其向涉农单位进行技术志愿服务时，增加气象服务内容。

6.构建网络节点，推进气象科普广覆盖

与涉农企业、中小学、科普基地合作，布设由气象部门到服务对象的服务网络节点，推动气象科普广覆盖。

鼓励设施农企、仓储企业、畜牧企业投资购置气象监测服务设备，自动监测农作物、粮库、牲畜环境的温度、湿度、气压和光照。气象局提供服务产品、协助安装软件平台和进行技术指导。企业负责在内部实现自服务和对相关农户、企业和单位传播气象信息。

在多个乡镇中小学、教育基地，如方城赵河泥岗小学、券桥小学、南阳市中小学教育基地，建立了校园气象站和气象科普室。学校提供科普场所和组织参观活动。气象部门提供图书资料、多媒体设备、视频资料、气象科普机器人。培养学生的气象兴趣，使他们在娱乐、学习中了解气象知识。

在县级科普场馆开设气象科普展厅，在乡镇建设气象科普长廊，配置气象科普宣传设备或气象知识宣传资料。通过气象科普宣传，人民群众提升了气象防灾减灾意识和遇灾自救互救能力。

三、社会效益和经济效益显著

(一) 社会效益十分显著

1.气象为农服务推动了乡镇发展

南阳市气象局紧密联系农业生产和人民群众生活，通过输入先进的理念、广泛传播气象防灾减灾知识、大量安装信息设备，农业气象防灾减灾能力不断提升，农业现代化水平持续提高，农业生产效率大幅提升。同时，通过气象防灾减灾示范社区、气象科技示范园、气象信息服务站的示范带动，当地群众科技素质不断提升，吸引了各类项目纷纷落地，乡村居民生活水平不断提升，农村、社区更加宜居宜业，乡镇面貌大大改善。提高了农业生产效率、人民群众生活水平，解放了生产力，有力助推当地统筹解决粮袋子（粮食生产）、钱袋子（经济效益）和房子（新农村社区）问题，极大改善了当地乡镇的整体面貌。

在方城县赵河镇，通过气象科普宣传和气象科技示范园带动，村民广泛利用太阳能灌溉，合理利用气象知识提高了粮食产量，使90%的耕地产出110%的粮食，用10%的耕地发展设施农业，乡镇整体经济实力大幅上升，农民还可以在农闲季节到设施农业打工，收入逐步提升。通过理念输入和示范带动作用，赵河镇建设了布局规范合理的新农村社区，形成了一批具备气象服务、技术推广、文化娱乐、健身功能的新农广场，乡镇面貌发生了翻天覆地的变化。

在券桥"美丽乡村"项目凤凰城，开展新型农村社区气象服务，安装气象监测设备、多媒体信息发布系统（一键通），可实时提供温度、湿度、气压、光照、风向、风速、雨量、$PM_{2.5}$、负氧离子、生活指数等与生活息息相关的气象数据，发布精细化天气预报产品，也能播放文化娱乐视频，丰富社区文化生活。既可以辅助进行物业管理，服务新型农村居民，提高生活质量，也能提供广告，产生经济效益，促进开发商加大气象设备投入，形成良性循环。

2.提升了粮食生产水平，保障南阳粮食总产增收

气象部门通过丰富的社会化服务渠道，从种子、播种、灌溉、施肥、喷药全程提供服务，南阳每年减少因灾损失近1亿多元。在

连年遭遇多年不遇旱情的严峻气候条件下，气象服务有力保障支撑了粮食总产实现连续增长。

2015 年 4 月，南阳市气象局预测三夏将出现连续降雨天气，结合前期温度偏低情况，通过社会化平台发布了小麦病虫害预报。农业部门根据气象服务信息，发布内部明电，召开电视电话会提前安排部署一喷三防工作。各种粮大户、合作社根据服务及时开展预防措施。当年，南阳市麦田未发生大面积的病虫害，确保了夏粮丰收。

(二) 经济效益十分突出

确保农业经济增收，气象服务新型农业经营主体效益大幅提升。通过气象提供气温、湿度、二氧化碳浓度等要素指导预报，新型农业经营主体对服务给予了高度赞扬。

例如，鼓励引导东嘉农牧开发公司购买气象监测、服务设备，气象部门负责安装由前端采集设备、网关传输设备、服务平台组成的气象服务体系。自动监测种猪、仔猪、生猪的生活环境的温度、湿度、气压和光照，提供气象预报产品。实时监测数据可以传送到工作人员办公室，也可以在厂外和信息站的显示屏上看到。当气象要素不适宜需要紧急处理时，会自动发出警报。气象服务有效提高了成品率，降低了死亡率，缩短了生产周期。东嘉牧业 10 万头猪死亡率大大降低，成品率有所提高，每年增收 100 万元以上。

2015 年，安装了气象观测系统，通过多要素服务平台，田间管理更加科学、高效、精准，有效降低了成本，利润比上一年有大幅增长。

(三) 提升气象部门形象，改善气象工作环境

通过气象科普助推，建立了以"融合发展、直通三农"为特征的气象为农服务，气象部门形象大幅提升，社会地位显著提高，工作环境持续优化。为气象部门争取地方资金、项目立项、联合

开展服务、基础台站建设、探测环境保护等工作打下了良好的外部基础。部门合作深入推进，"政府主导、部门参与、上下联动"的气象现代化推进机制日臻完善。2015 年，全市气象干部职工地方性津补贴和文明奖全部纳入地方财政预算。地方财政投入大幅增加。

四、对未来气象为农服务的几点思考

（一）适应新常态，持续提升气象为农服务的社会和经济效益

在当前新常态下，气象部门要做到监测精密、预报精准、服务精细，根据自身条件和当地实际，依靠自身优势，提质增效，抓好气象服务供给能力提升，量身打造服务产品，同时通过政府购买服务、气象为农服务社会化等形式，解决人员不足、资金不足的问题，持续提升气象为农的能力和水平，促进气象为农服务取得更大的社会和经济效益。

（二）拥抱互联网+，提升气象为农服务水平

互联网技术的发展，大数据的广泛运用，对气象服务方式、渠道产生了重大影响，为气象工作创新提供了千载难逢的机会，可以说为气象服务工作插上了翅膀。要拥抱互联网+，提升气象为农服务水平。

（三）创新带动，实现气象为农服务转型发展

中国农业现代化将依靠"大土地、大农机、大数据"，农业规模化、集约化发展对气象为农服务产生更强劲的需求，农业气象服务前景非常广阔，气象要积极融入农业现代化发展大潮，以现代科技为引领，依靠先进的理念，运用互联网等信息化最新科技成果，社会广泛参与的标准化、社会化气象为农服务必将大有用武之地。

（四）融合发展，提高社会对气象服务的认知度和参与度

气象部门站位要高，视野要宽，要跳出部门藩篱，与农业、水利等部门深度融合、资源共享，通过"融入""精细""直通"方式，实现气象为农服务快速发展。